STARGAZING
Hiroaki Ohno
Tsukasa Enomoto

星を楽しむ

星座の見つけかた

大野裕明　榎本 司

夜空にかがやく星の中から
見たい星座をさがす

はじめに

　私が初めてさがし出した星座は「カシオペヤ座」です。

　小学校高学年のとき、担任の先生が、北極星を探すためにはカシオペヤ座からです、といったからです。私は自宅に帰ってから一生懸命探しました。しかし見つかりません。翌日聞いてみると、親指と小指をいっぱい伸ばしたくらいの大きさに見えるから、北を向いて右上の方向をさがすように、といわれました。私は天頂に大きく見えるものだとばかり思い込んでいて、天を仰ぐようにぐるりと頭を回しながらさがし出そうとしていたのです。そのあと、いわれた位置にようやくアルファベットの"W"に並んだ、それらしき星の並びを見つけたときは「やったー！」と喜んだものです。

　星空には、古代から多くの人々が関心を持っていました。かぐや姫物語や七夕伝説もそこから生まれた一つでしょう。天空に広がる星や月には、今も昔も話題が絶えません。

　近年は、街明かりできれいな星空が見えにくくなっています。その点、プラネタリウムはすばらしいものです。天気が悪くても昼でも星が見えるし、古代から未来までの星空も上映できるのです。私も自分の天文台で上映するプラネタリウムのシナリオを書くことがありますが、どんな星空でも再現できてしまうため、それはそれでたいへんです。

　ただ、そうはいっても、私が皆さんにおすすめしたいのは、やはり「本物

2

の星空」を眺めることです。人工的に星空を再現できるプラネタリウムもそれはすばらしいものですが、ぜひ実際の星空のもとで、星座早見盤や本書を頼りに、一つまた一つと星ぼしをつないで、星座をさがし出してみてください。最初はなかなか見つけられないかもしれません。でも、真っ暗な中で眠気にも耐え、自分の力だけでさがし出した星座を、きっと忘れることはないでしょう。

　私はこれまで、星座早見を使い込んで何枚もボロボロにしてきました。星図も夜露で濡れてこちらもボロボロ、何冊もダメにしてしまったものです。しかし、その一冊一冊が、この頭にしっかり入り込んでいます。本物の星座を見ることは、かけがえのない財産です。本書をきっかけに星座を覚え始めた皆さんが、本書をボロボロになるまで使い込んでくれたらいいなと思い、執筆しました。

　長年、東北の寒空で星座と向き合って観測してきたことが、本書にも生かされていると思っています。きれいな星空は逃げませんので、今夜もじっくりと星座さがしを楽しんでください。

2020年1月

星の村天文台長　大野裕明

CONTENTS

はじめに 2

第1章 星座について

星を結んでできる星座 8

星のある場所を示すには 10

全天88星座リスト 12

星の動きを知ろう 14

星座早見盤を使って最座を見つける 16

誕生星座をさがしてみよう 18

この本の使いかた 20

第2章 1～12月の星座解説

1月の星空 22

オリオン座、エリダヌス座、おうし座、くじら座、うお座、アンドロメダ座、ペルセウス座、
ぎょしゃ座、ふたご座、カシオペヤ座 など

1月の東の空 24

1月の南の空 26

1月の西の空 28

1月の北の空 30

2月の星空 32

オリオン座、うさぎ座、おおいぬ座、こいぬ座、ふたご座、おうし座、ぎょしゃ座、
ペルセウス座、かに座 など

2月の東の空 34

2月の南の空 36

2月の西の空 38

2月の北の空 40

3月の星空 42

オリオン座、おおいぬ座、こいぬ座、おうし座、ふたご座、かに座、しし座、おおぐま座、こぐま座 など

3月の東の空 44

3月の南の空 46

3月の西の空 48

3月の北の空 50

4月の星空 52
しし座、おとめ座、うみへび座、おうし座、ふたご座、かに座 など

4月の東の空 54
4月の南の空 56
4月の西の空 58
4月の北の空 60

5月の星空 62
うみへび座、からす座、かに座、しし座、おとめ座、うしかい座 など

5月の東の空 64
5月の南の空 66
5月の西の空 68
5月の北の空 70

6月の星空 72
おおぐま座、こぐま座、りゅう座、うしかい座、かんむり座、ヘルクレス座 など

6月の東の空 74
6月の南の空 76
6月の西の空 78
6月の北の空 80

7月の星空 82
おとめ座、てんびん座、さそり座、いて座、へびつかい座、うしかい座、かんむり座、ヘルクレス座 など

7月の東の空 84
7月の南の空 86
7月の西の空 88
7月の北の空 90

8月の星空 92
さそり座、いて座、たて座、わし座、ヘルクレス座、やぎ座、みずがめ座、ケフェウス座、ペガスス座 など

8月の東の空 94
8月の南の空 96
8月の西の空 98
8月の北の空 100

9月の星空 ·········· 102

さそり座、いて座、たて座、わし座、ヘルクレス座、やぎ座、みずがめ座、ケフェウス座、
ペガスス座、アンドロメダ座 など

9月の東の空 ·········· 104
9月の南の空 ·········· 106
9月の西の空 ·········· 108
9月の北の空 ·········· 110

10月の星空 ·········· 112

ペガスス座、アンドロメダ座、りゅう座、みなみのうお座、みずがめ座、やぎ座 など

10月の東の空 ·········· 114
10月の南の空 ·········· 116
10月の西の空 ·········· 118
10月の北の空 ·········· 120

11月の星空 ·········· 122

やぎ座、みずがめ座、うお座、おひつじ座、おうし座、ペルセウス座、ぎょしゃ座 など

11月の東の空 ·········· 124
11月の南の空 ·········· 126
11月の西の空 ·········· 128
11月の北の空 ·········· 130

12月の星空 ·········· 132

うお座、おひつじ座、おうし座、ふたご座、くじら座 など

12月の東の空 ·········· 134
12月の南の空 ·········· 136
12月の西の空 ·········· 138
12月の北の空 ·········· 140

おわりに ·········· 142

第 1 章

星座について

星を結んでできる星座

古くから星ぼしをつないで何かの形に見立てる"星座のようなもの"はありました。日本の各地にも、それぞれの地域で使った星座の名前が数多く残っています。

西洋星座の起こりは、メソポタミアのシュメール文明にあり、その後、古代エジプトやギリシャに伝わりました。占いをするために黄道上の星座が作られ、それがギリシャ神話へとつながりました。その後、天文学者のプトレマイオスにより、天動説や48個の星座が広く世界に広がります。

15世紀中ごろの大航海時代になると、ヨーロッパの人びとがアフリカ大陸を目指して南下し、南半球の星空を目にするようになりました。このころから南半球の星空に新たな星座が作られ始めました。さらに北半球の星空でも新しい星座が各地で作られ始め、国によって星座が異なる場合があり、天文学的にも混乱をきたすようになりました。

そこで1930年、国際天文学連合で88の星座が制定されました。今日の星座はこの場で決められた星座です。

東洋の星座は中国で考えだされたもので、星宿といいます。天の赤道に沿って28に分けたものです。各宿には基準となる星を定め、そこからのズレの位置を示すことで、彗星や新星の出現などの天文現象を記録しました。

日本には飛鳥時代のころ、中国から星宿が伝わりました。7世紀末ごろに造られたとされるキトラ古墳内で発見された天文図には、星宿が描かれています。星宿は、江戸時代の幕府の天文方でも使われていました。

明治になると文明開花の流れにより、西洋星座が採用されるようになり、今日にいたります。

星座の星のつなぎかた

88の星座については、1930年の国際天文連合で制定されていますが、星座の星のつなぎ方に関しては決まりがありません。ただし、星座の境界線については決まっています。

この本では、一般的に使われている星のつなぎ方で星座の線を結んでいます。

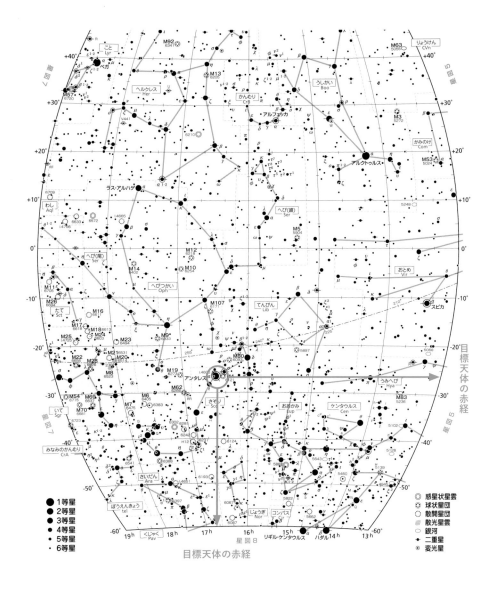

● 星図の例

星や星座の位置を示す手段として「星図」があります。星図は、恒星や星雲・星団などの天体の名前や位置、種類や大きさなどを記号を使って表わしている、いわば星の地図です。星の位置を示すには、天球上の位置を示す、赤経（せっけい）、赤緯（せきい）という座標を使います。天体を示す記号天体の名前は黒色、星座名は星座名を線で囲み、星座線はピンク。天の川は水色で区別され、実際の星空観察の際に、見やすいように工夫がされています。

星のある場所を示すには

星座の観察を始めるときには、その場所での東西南北の方角を調べます。北の方角は、北極星や方位磁石、スマートフォンのアプリを使います。

星が真南にくる時刻を南中（正中）といいますが、このときが、その星が天球で一番高い位置で見えています。

星と星の間隔や地平線からの高度をいい表わすには角度で示します。星座の観察で、自分の立っている場所から見上げた星の位置を正確に伝える場合には高度と方位角を使います。高度は地平線から頭上の天頂までを90°方位角は天体の場合は南から西まわりに、

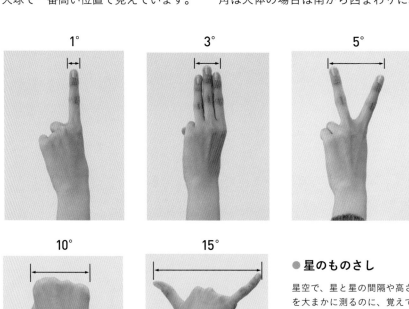

1°　　3°　　5°

10°　　15°

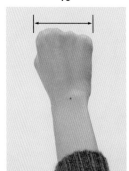

● 星のものさし

星空で、星と星の間隔や高さを大まかに測るのに、覚えておくと便利です。

● 星図や星座早見など星座観察にあると便利なもの

南を0°、西を90°、北を180°、東を270°そして1周して南が360°（0°）と測ります。

　星の地図"星図"では、星の位置を「赤経（せっけい）」「赤緯（せきい）」で示します。

星のものさし

　大ざっぱに星と星の間隔（角度）を測る場合に、手や指の間隔を覚えておくと便利です。

　「スピカから10度ほど西側の星」をさがす場合、じゃんけんをするときの「グー」が約10度ですから、空に向けて腕をいっぱいに伸ばし、グーの親指部分にスピカを当てて測れば、すぐにその星のおおよその位置がわかるはずです。

全天88星座リスト

全天には88個の星座がありますが、ここでは、それら88の星座について、星座名、学名、星座の位置（赤経、赤緯）、星座の見やすい時期、その星座に含まれるエリア内で肉眼で見える星の数をまとめてみました。

星の位置を詳細に示す場合には「赤経」「赤緯」を使います。赤経は春分点を0hとして、東回りに時刻目盛りが振られ、1周360°が24時間です。単位はhmsを使います。赤緯は天の赤道を0°として北が＋、南が−となります。天の北極が＋90°、天の南極は−90°で、単位は°′″を使います。

星座一覧表

星座名			学名	赤経	赤緯	見ごろ	肉眼星数
アンドロメダ			Andromeda (And)	00h46m	＋37°	9〜2月	54
いっかくじゅう		(一角獣)	Monoceros (Mon)	07h01m	＋1°	1〜4月	36
いて	＊	(射手)	Sagittarius (Sgr)	19h03m	−29°	8〜10月	65
いるか		(海豚)	Delphinus (Del)	20h39m	＋12°	7〜12月	11
インディアン	☆		Indus (Ind)	21h55m	−60°	6〜1月 (南)	13
うお	＊	(魚)	Pisces (Psc)	00h26m	＋13°	8〜12月	50
うさぎ		(兎)	Lepus (Lep)	05h31m	＋19°	12〜4月	28
うしかい		(牛飼)	Bootes (Boo)	14h40m	−31°	4月〜9月	53
うみへび		(海蛇)	Hydra (Hya)	11h33m	−14°	4〜6月	71
エリダヌス			Eridanus (Eri)	03h15m	−29°	12〜2月	79
おうし	＊	(牡牛)	Tauru (Tau)	04h39m	−16°	11〜3月	98
おおいぬ		(大犬)	Canis Major (CMa)	06h47m	−22°	1〜4月	56
おおかみ		(狼)	Lupus (Lup)	15h09m	−43°	6〜7月	50
おおぐま		(大熊)	Ursa Major (UMa)	11h16m	＋51°	2月〜8月	71
おとめ	＊	(乙女)	Virgo (Vir)	13h21m	−4°	4〜8月	58
おひつじ	＊	(牡羊)	Aries (Ari)	02h35m	＋21°	10〜3月	28
オリオン			Orion (Ori)	05h32m	＋6°	12〜4月	77
がか		(画架)	Pictor (Pic)	05h41m	−54°	11〜5月	15
カシオペヤ			Cassiopeia (Cas)	01h16m	＋62°	7〜3月	51
かじき		(旗魚)	Dorado (Dor)	05h14m	−60°	9〜5月 (南)	15
かに	＊	(蟹)	Cancer (Cnc)	08h36m	＋20°	1〜6月	23
かみのけ		(髪)	Coma Berenices (Com)	12h45m	＋24°	3〜8月	23
カメレオン	★		Chamaeleon (Cha)	10h40m	−79°	一年中 (南)	13
からす		(烏)	Corvus (Crv)	12h24m	−18°	4〜7月	11
かんむり		(冠)	Corona Borealis (CrB)	15h48m	＋33°	4〜10月	22
きょしちょう	☆	(巨嘴鳥)	Tucana (Tuc)	23h43m	−67°	7〜3月 (南)	15
ぎょしゃ		(馭者)	Auriga (Aur)	06h01m	＋42°	11〜5月	
きりん		(麒麟)	Camelopardalis (Cam)	08h48m	＋69°	一年中	45
くじゃく	☆	(孔雀)	Pavo (Pav)	19h33m	−66°	5〜1月	28
くじら		(鯨)	Cetus (Cet)	01h38m	−8°	10〜1月	58
ケフェウス			Cepheus (Cep)	02h15m	＋70°	一年中	57
ケンタウルス			Centaurus (Cen)	13h01m	−48°	5〜7月	101
けんびきょう		(顕微鏡)	Microscoum (Mic)	20h55m	−37°	9〜10月	15
こいぬ		(小犬)	Canis Minor (CMi)	07h36m	＋7°	1〜4月	13
こうま		(小馬)	Equuleus (Equ)	21h08m	＋8°	7〜12月	5
こぎつね		(小狐)	Vulpecula (Vul)	20h12m	＋24°	7〜12月	29

星座名			学名	赤経	赤緯	見ごろ	肉眼星数
こぐま		（小熊）	Ursa Minor (UMi)	15h40m	＋78°	一年中	18
こじし		（小獅子）	Leo Minor (LMi)	10h11m	＋33°	1〜7月	15
コップ			Crater (Crt)	11h21m	−15°	3〜7月	11
こと		（琴）	Lyra (Lyr)	18h49m	＋37°	5〜12月	26
コンパス	☆		Circinus (Cir)	14h30m	−62°	3〜10月（南）	10
さいだん		（祭壇）	Ara (Ara)	17h18m	−57°	5〜11月（南）	19
さそり	＊	（蠍）	Scorpius (Sco)	16h49m	−27°	7〜8月	62
さんかく		（三角）	Triangulum (Tri)	02h08m	＋31°	9〜3月	12
しし	＊	（獅子）	Leo (Leo)	10h37m	＋14°	2〜7月	52
じょうぎ	☆	（定規）	Norma (Nor)	15h58m	−51°	4〜10月（南）	14
たて		（楯）	Scutum (Sct)	18h37m	−10°	6〜10月	9
ちょうこくぐ	☆	（彫刻具）	Caelum (Cae)	04h40m	−38°	1〜2月	4
ちょうこくしつ		（彫刻室）	Sculptor (Scl)	00h24m	−33°	10〜12月	15
つる		（鶴）	Grus (Gru)	22h25m	−47°	10〜11月	24
テーブルさん	★	（テーブル山）	Mensa (Men)	05h28m	−78°	一年中（南）	8
てんびん	＊	（天秤）	Libra (Lib)	15h08m	−15°	5〜8月	35
とかげ		（蜥蜴）	lacerta (Lac)	22h25m	＋46°	7〜2月	23
とけい		（時計）	Horologium (Hor)	03h15m	−54°	10〜4月	10
とびうお	☆	（飛魚）	Volans (Vol)	07h48m	−70°	11〜2月（南）	14
とも		（船尾）	Puppis (Pup)	07h14m	−31°	2〜4月	93
はえ	☆	（蝿）	Musca (Mus)	12h31m	−70°	2〜9月	19
はくちょう		（白鳥）	Cygnus (Cyg)	20h34m	＋45°	6〜12月	79
はちぶんぎ	★	（八分儀）	Octans (Oct)	21h00m	−83°	一年中（南）	17
はと		（鳩）	Columba (Col)	05h45m	−35°	1〜3月	24
ふうちょう	★	（風鳥）	Apus (Aps)	16h01m	−75°	一年中（南）	10
ふたご		（双子）	Gemini (Gem)	07h01m	＋23°	12〜5月	47
ペガスス			Pegasus (Peg)	22h39m	＋19°	8〜1月	57
へび（頭部）		（蛇）	Serpens (Ser)	15h35m	＋8°	6〜9月	25
へび（尾部）		（蛇）	Serpens (Ser)	18h00m	−5°	6〜9月	10
へびつかい		（蛇遣）	Ophiuchus (Oph)	17h20m	−8°	6〜9月	55
ヘルクレス			Hercules (Her)	17h21m	＋28°	5〜10月	
ペルセウス			Perseus (Per)	03h06m	＋45°	10〜4月	65
ほ	☆	（帆）	Vela (Vel)	09h43m	−47°	1〜7月	76
ぼうえんきょう		（望遠鏡）	Telescopium (Tel)	19h16m	−51°	6〜11月（南）	17
ほうおう		（鳳凰）	Phoenix (phe)	00h54m	−49°	9〜3月（南）	27
ポンプ			Antila (Ant)	10h14m	−32°	3〜5月	9
みずがめ	＊	（水瓶）	Aquarius (Aqr)	22h15m	−11°	9〜12月	56
みずへび	☆	（水蛇）	Hydrus (Hyi)	02h16m	−70°	8〜4月（南）	14
みなみじゅうじ		（南十字）	Crux (Cru)	12h24m	−60°	1〜10月（南）	20
みなみのうお		（南魚）	Piscis Austrinus (PsA)	22h14m	−31°	9〜11月	15
みなみのかんむり		（南冠）	Corona Australis (CrA)	18h35m	−42°	9〜11月	21
みなみのさんかく		（南三角）	Triangulum Australe (TrA)	15h59m	−65°	3〜11月（南）	12
や		（矢）	Sagitta (Sge)	19h37m	＋19°	6〜11月	8
やぎ	＊	（山羊）	Capricornus (Cap)	21h00m	−18°	11〜9月	31
やまねこ		（山猫）	Lynx (Lyn)	07h56m	＋47°	1〜7月	31
らしんばん		（羅針盤）	Pyxis (Pyx)	08h56m	−27°	2〜5月	12
りゅう		（竜）	Draco (Dra)	15h09m	＋67°	4〜12月	79
りゅうこつ	☆	（竜骨）	Carina (Car)	08h40m	−63°	12〜6月（南）	77
りょうけん		（猟犬）	Canes Venatici (CVn)	13h04m	＋41°	2〜9月	15
レチクル	☆		Reticulum (Ret)	03h54m	−60°	9〜5月（南）	11
ろ		（炉）	Fornax (For)	02h46m	−32°	11〜1月	12
ろくぶんぎ		（六分儀）	Sextans (Sex)	10h14m	−2°	2〜6月	5
わし		（鷲）	Aquila (Aql)	19h37m	−4°	7〜11月	47

※マークは黄道12星座、☆マークは沖縄付近で一部見ることができる南天の星座、★マークは日本ではまったく見えない天の南極付近の星座です。（南）は南半球で見やすい星座です。肉眼星数は、夜空の暗く澄んだ星がきれいに見える場所で見ることのできる5.5等以上の明るい星の数を示してあります。市街地では夜空が明るいため、見える星の数がこれよりずっと少なくなってしまいます。

星の動きを知っておこう

夜空に輝く星を観察していると、星は東から西へと空を移動していくように見えます。この星の動きは「日周運動」とよばれています。

これは、地球が地軸を中心として自転しているためです。右ページには、北半球において、東西南北それぞれの方角の空の星の動き方を示しました。

この日周運動による星の動きを理解するには、天球と天体の位置を示す赤道座標について知っておくと便利です。

星は1日で天球上を約360°動きます。1時間では約15°、星は東から西へ動きます。2時間では30°、12時間では180°動きます。

また、今日見ている星の位置は、翌日に同じ位置にくるのは、約4分早くなります。これは角度では1°に相当します。この星の動きについて覚えておくと便利です。

つまり、ある場所で23時の星空を見上げた場合、1ヵ月後の21時に同じ星空が見えることになります。

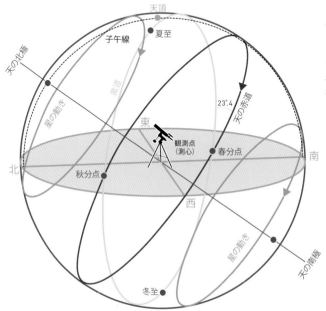

天頂
子午線
夏至
天の北極
黄道
星の動き
23°.4
天の赤道
東
観測点
（測心）
春分点
南
北
秋分点
西
星の動き
天の南極
冬至

● 天球の概念と
赤道座標、黄道

天体の位置は、地球の北極・南極を投影した天の北極・南極、地球の赤道を投影した天の赤道を基準とした、赤道座標で表わします。

● 北の空

北極星をほぼ中心に、反時計回りに回転しています。

● 東の空

地平線から昇ってきた星が、右上へ動いていきます。

● 西の空

地平線へと沈んでいく星が、右下へ動いていきます。

● 南の空

地面と平行に、地平線に近いほど弧を描いて左から右へ動きます。

15

星座早見盤を使って
星座を見つける

「あの星はどこの星座の星かな？」

　そんなときに役立つのが、星座早見盤です。星座早見盤は、日付と時刻を合わせるだけで、見たい時刻に見える星空がわかる便利な道具です。実際の観測では、見たい星座や天体が空に昇ってくる時刻や、見ごろになる時刻を調べたりするのに使い、詳細な星の並びや位置については星図を使います。

　なお、星座早見盤を読み取るためのライトはあまり明るくないもの、できれば赤色のライトを使うとよいでしょう。

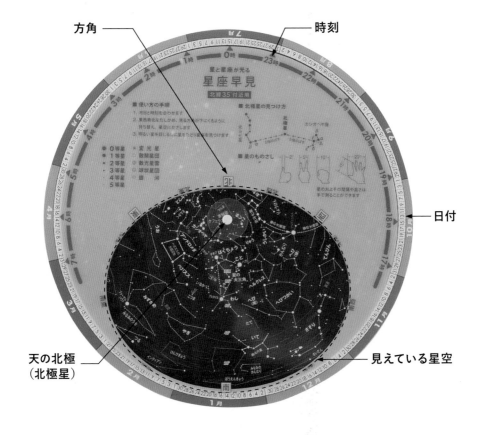

方角

時刻

日付

天の北極
（北極星）

見えている星空

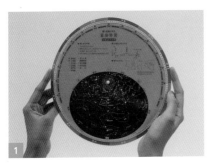

星座早見盤を用意します。中心の留め具が北極星、窓から見える部分が見える星空になります。

まず、下の盤を回して、いちばん外側の日付と観測する時刻を合わせます。

次に、見たい星空の方向に体を向け、その方角を調べます。

向いているのが北なら、「北」の文字を下にして、星空に掲げます。

● スマートフォンで星座を調べる

スマートフォンにはGPSやコンパス機能があるので、天文アプリと合わせて使うと、その場所での正確な情報が手軽に入手でき、天体観測がより快適になります。スマートフォンを夜空にかざせば、今見ている星や星座がすぐにわかりますし、その天体についての解説も調べることができます。

さらに、火星の表面模様や木星の衛星の動き、日食や月食の様子をシミュレーションしてくれるアプリもあります。自分の目的に応じて使い分けましょう。星空撮影ができる高性能カメラを搭載した機種もあり、今やスマートフォンは天体観測に欠かせません。

誕生星座をさがしてみよう

　星空の中から、真っ先に見つけてみたい星座は、自分の誕生星座でしょう。でも実際に誕生星座を見つけ出そうとしても、その星座がいつごろ見えているのかを知らないと、見つけ出すのはむずかしいものです。

　星占いなどで使われる 誕生日の星座は一般的に12星座です。たとえば、星占いでいう「さそり座」は10月24日～11月22日に生まれた人を指します。しかし、さそり座が南の空に見えるのは7月の宵空です。実際にその星座が見えている時期と、「星占い」の星座の時期はなぜ違うのでしょうか？

　太陽は1年をかけて星空を一周します。この太陽が進んでいく軌道のこと

を「黄道」といいます。月や惑星もこの黄道付近を移動しています。黄道を中心に約10°の幅を定めたこの帯状の範囲を獣帯（ゾディアック）といいます。この獣帯を黄道上の春分点から30°ずつ12等分した各々を「宮」といいます。この宮の位置から太陽や月、惑星の位置をざっくり定め、それをベースにして吉凶を占ったのが占星術です。

　この表にある対応星座とは、この宮ができたころ、それぞれの宮に位置する星の並びから作った星座です。当たり前ですが、ほぼ宮の名称と一致しています。各宮の長さは角度で30°ずつですから、太陽は約30日間で次の宮へ移動していきます。表のおよその日

紀元0年と西暦2000年の宮

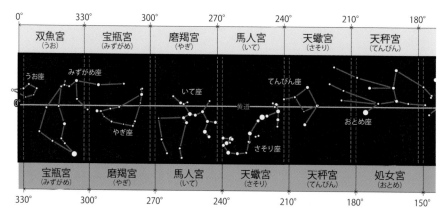

宮の一覧表

対応星座	宮の名称	太陽の通過期間（およそ）	星座の見ごろ
おひつじ座	白羊宮 (はくようきゅう)	3月21日〜 4月19日	10〜3月
おうし座	金牛宮 (きんぎゅうきゅう)	4月20日〜 5月20日	11〜3月
ふたご座	双児宮 (そうじきゅう)	5月21日〜 6月21日	12〜5月
かに座	巨蟹宮 (きょかいきゅう)	6月22日〜 7月22日	1〜6月
しし座	獅子宮 (ししきゅう)	7月23日〜 8月22日	2〜7月
おとめ座	処女宮 (しょじょきゅう)	8月23日〜 9月22日	4〜8月
てんびん座	天秤宮 (てんびんきゅう)	9月23日〜10月23日	5〜8月
さそり座	天蠍宮 (てんかつきゅう)	10月24日〜11月22日	7〜8月
いて座	人馬宮 (じんばきゅう)	11月23日〜12月23日	8〜10月
やぎ座	磨羯宮 (まかつきゅう)	12月24日〜 1月19日	11〜9月
みずがめ座	宝瓶宮 (ほうへいきゅう)	1月20日〜 2月18日	9〜12月
うお座	双魚宮 (そうぎょきゅう)	2月19日〜 3月20日	8〜12月

付が太陽通過期間です。紀元前150年ごろ、天文学者ヒッパルコスが、宮の始点である春分点が黄道上を西へ少しずつ移動していくことを発見しました。これを「歳差現象」といいます。

下の図は、実際の夜空にある星座と、紀元0年および西暦2000年の宮を示してあります。さらに、今日は春分点はうお座にあり、白羊宮の位置にはうお座があります。時間の経過とともに春分点が移動して、星座と星座宮はずれてしまっています。

今日の星占いは、実際の星空にある星座の動きではなく、「星座宮」を使って計算をしています。ですので「星占い」の星座と、実際に夜空で輝いている星座や月の位置は、まったく別物と思ってよいでしょう。

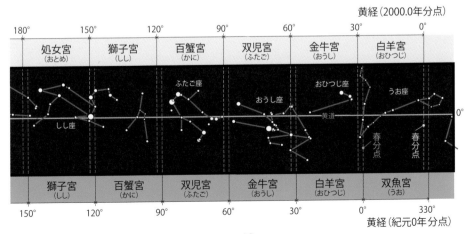

この本の使いかた

全天星図の見かた

円の周囲が地平線で、円の中心が頭の真上、天頂です。自分が星空を眺める場所での東西南北と、図の東西南北を合わせて、頭上にかざして、星空と見くらべるようにします。

毎月の東西南北の星図の見かた

「南の空」の星図は、沖縄などを考えて北緯27度を基準にした地平線に設定しました。また、「北の空」の星図は北海道など北の地方を考慮して、北緯43度が基準になっています。「東の空」と「西の空」の星図は、北緯35度を基準として作成しています。

星図の上の方は天頂を超えた広いエリアをカバーしており、星座がゆがんでいますので注意してください。

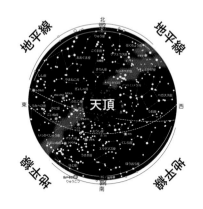

円形星図を星座早見として使う

時間とともに、星は天球上を動きます。この星の移動量を考慮すると、各月の全天星図を星座早見のように使うことができます。たとえば、4月上旬の午前1時ごろの星空を見たい場合には73ページの全天星図を見てください。

全天星図の対応表 (数字はページ数)

上旬	下旬	1月	2月	3月	4月	5月	6月	7月	8月	9月	10月	11月	12月
1時	0時	43	53	63	73	83	93	103	113	123	133	23	33
3	2	53	63	73	83	93	103	113	123	133	23	33	43
5	4	63	73	83	93	103	113	123	133	23	33	43	53
7	6	73	–	–	–	–	–	–	–	–	–	–	63
昼	昼	–	–	–	–	–	–	–	–	–	–	–	–
17	16	123	133	23	33	43	53	63	73	83	93	103	113
19	18	133	23	33	43	53	63	73	83	93	103	113	123
21	20	23	33	43	53	63	73	83	93	103	113	123	133
23	22	33	43	53	63	73	83	93	103	113	123	133	23

第 2 章

1〜12月の星座解説

1月の星空

冬真っ盛りの1月の星空で真っ先に目に入るのは、オリオン座と、全天でもっとも明るい恒星、おおいぬ座のシリウスの輝きです。

頭上には、おうし座やぎょしゃ座が、北東の空には、おおぐま座の一部で、ひしゃくのような星の並びの北斗七星が見えます。北西の空には、ペルセウス座やカシオペヤ座が見えています。

宵の東の空には明るい恒星が多く、反対の西の空に明るい星は多くありません。東空の星ぼしは冬の星座たちで、西空の星座は秋の星座たちです。

［オリオン座］ 横並びの3つの星が仲良く等間隔で並んでいます。この三ツ星を囲むようにベテルギウスから始まり、ぐるりと4個の星で長方形に囲まれているのが、狩人オリオンの勇ましい身体です。左側に棍棒を持ち、右側はライオンの毛皮を携えた、オリオンの雄姿を想像することができます。

［エリダヌス座］ オリオン座のリゲルを目印に、くねくねとした暗い星の連なりがエリダヌス座です。

［おうし座］ おうし座には肉眼で見える2つの星団があります。肉眼では小さな星の固まりに見えるプレヤデス星団（すばる）と、小さなアルファベットのV字形に並んだヒヤデス星団で、牡牛の頭の部分に相当します。この2つの星団がおうし座の目印です。

［くじら座］ おうし座の下、ちょうど牡牛のお腹のあたりにくじら座があります。多くの星座は西の方角を向いているのですが、この星座は東を向いている星座の一つです。

［うお座］ うお座は地味な星座ですが、V字のような星の並びを目じるしにさがしましょう。うお座は、黄道12星座の一つで、木星や土星などの惑星がときどき通過します。

［アンドロメダ座］ ペガススの四辺形の南東（左下）の一つの星を借りて、アルファベットのAの字の形の星の並びが、アンドロメダ座をさがす目印になります。

［ペルセウス座］ アンドロメダ座の足元にあり、カシオペヤ座に続いて秋の天の川にあります。アルファベットのh、あるいは人の形をしたにぎやか

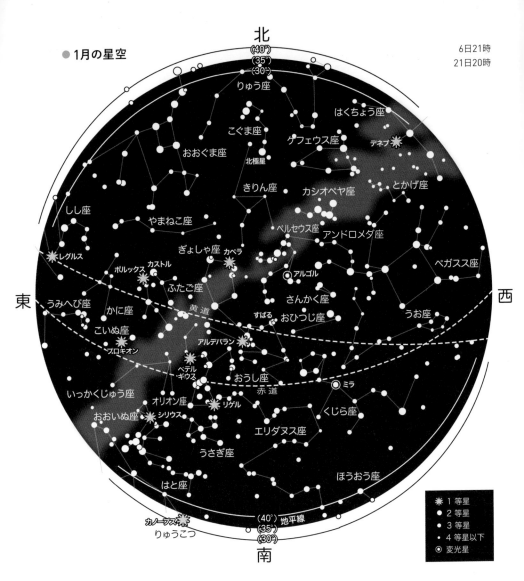

● 1月の星空

北

(40°)
(35°)
(30°)

りゅう座

こぐま座

はくちょう座

おおぐま座

北極星

ケフェウス座

デネブ

きりん座

カシオペヤ座

とかげ座

しし座

やまねこ座

ペルセウス座

アンドロメダ座

ペガスス座

レグルス

ぎょしゃ座

カペラ

アルゴル

東

ポルックス カストル

ふたご座

さんかく座

西

うみへび座

かに座

黄道

すばる

おひつじ座

うお座

こいぬ座

プロキオン

アルデバラン

ベテルギウス

おうし座

赤道

ミラ

いっかくじゅう座

オリオン座

リゲル

くじら座

おおいぬ座

シリウス

エリダヌス座

うさぎ座

ほうおう座

はと座

(40°) 地平線
(35°)
(30°)

カノープス
りゅうこつ

✳	1等星
●	2等星
○	3等星
・	4等星以下
◎	変光星

南

な星の並びが目印です。

[ぎょしゃ座] ほぼ頭上のあたり、将棋の駒、あるいは野球のホームベースのような五角形をした並びが目印です。

[ふたご座] 東の空に明るい2つの星がきれいに並んでいます。しかも明

るい星それぞれに、星が頭から足元まで連なるように、星ぼしが行儀よく並んでいます。

[カシオペヤ座] アルファベットのW字の星の並びを目じるしにさがします。簡単に見つけることができます。

23

1月の東の空

星は毎日東から昇り、西へ沈んでいます。次の季節の星座をいち早く見ることのできるのが、東の空です。

東の宵の低空に目を向けてみましょう。地平線から、しし座が昇ってきています。まずはしし座の1等星、レグルスをさがしてみましょう。レグルスが見つかったら、「？」マークをひっくり返したような星の並びを探します。これがしし座の頭になります。

しし座の頭の少し上のあたりには、4つの星で形づくる小さな四角形が目にとまります。これが、かに座の目じるしです。この四角形を手がかりに、かに座を見つけることができるでしょう。かに座の右上に見える明るい星はプロキオンで、こいぬ座の1等星です。東から少し南より、しし座の右側には、星座の中でいちばん大きな星座、うみへび座の頭が見えています。

50度（げんこつ3個分ぐらい）ぐらいの高さには，ふたご座が見えています。ふたご座の目じるしとして1等星のポルックスと2等星のカストルです。この2つの星を見つけて、ふたご座の姿をたどりましょう。

● **冬の大三角**　オリオン座のベテルギウス、おおいぬ座のシリウス、こいぬ座のプロキオンの3つの星をつなぎます。

24

1月の東の空

うお座

アンドロメダ座

さんかく座

おひつじ座

M31

アルゴル

ペルセウス座

すばる（プレヤデス星団）

おうし座

カペラ ☀

アルデバラン ☀

きりん座

オリオン座

ぎょしゃ座

ベテルギウス

ふたご座

M42

やまねこ座

カストル
ポルックス ☀

いっかくじゅう座

かに座

こいぬ座 ☀ プロキオン

おおぐま座

M44

シリウス ☀

おおいぬ座

こじし座

しし座

うみへび座

レグルス ☀

北東

東

南東 **35°**

1月の南の空

南の空でまず目にとまるのは、小さな3個の星の並びと、それを取り囲む4つの星が目じるしのオリオン座です。オリオン座には赤く輝くベテルギウスと白く輝くリゲルがあります。左足にあたるのがリゲル、右肩がベテルギウスです。オリオンの腰のあたりに3つ星が並んだ「三ツ星」の下には、オリオン大星雲(M42)があります。リゲルのすぐ西からは、エリダヌス座がうねうねと連なっています。オリオン座の三ツ星の傾きに沿って左方向へ進むと、青白い星が見つかります。これがおおいぬ座の1等星シリウスです。全天でいちばん明るい恒星です。

オリオン座の三ツ星の傾きに沿って右上に視線を向けると、おうし座の1等星アルデバランが見つかります。さらに延長していくとプレヤデス星団(すばる)が見つかります。アルデバランの周りには、V字形に星が集まっているヒヤデス星団があります。

オリオン座の足元にはうさぎ座、さらにその下にはと座があります。うさぎ座は2等星が4つ、3等星が6つから形づくられています。

● おうし座

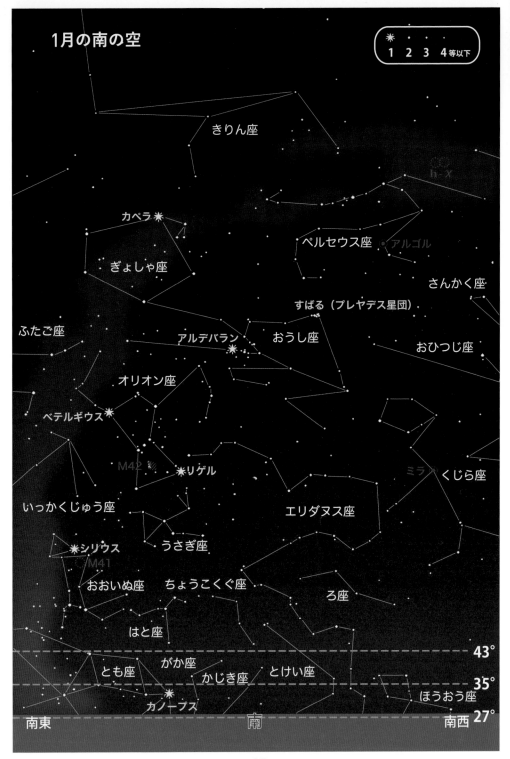

1月の南の空

1月の西の空

西の空高く小さな星の集まり、プレヤデス星団（すばる）が見えます。その近くにはＶ字形に星が並んだヒヤデス星団もあります。ここがちょうどおうし座の顔のあたりで、赤い1等星アルデバランがおうしの右目になります。北よりに5つの星を結ぶと、ぎょしゃ座。明るい1等星はカペラです。

"ペガススの大四辺形"が目じるしの

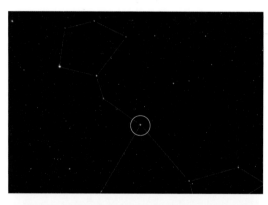

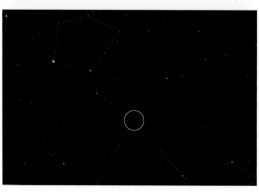

ペガスス座が西の地平線に向かって沈んでいきます。ペガスス座の足先のあたりの天の川の中にとかげ座があります。

ペガススの四辺形には、北斗七星のような柄が付いています。この柄にあたる部分がアンドロメダ座です。

アンドロメダ座の曲線を上に伸ばしたところにある独特な星の並びが、ペルセウス座です。

うお座は大きな星座ですが、4等星以下の星しかないので、見るのがむずかしい星座です。ペガススの四辺形の左側に見えています。うお座を見つけるポイントはＶ字形の星の並びで、このＶが横に寝ているように見えているのが目印です。

● くじら座の変光星ミラの
極大（上）と極小（下）

28

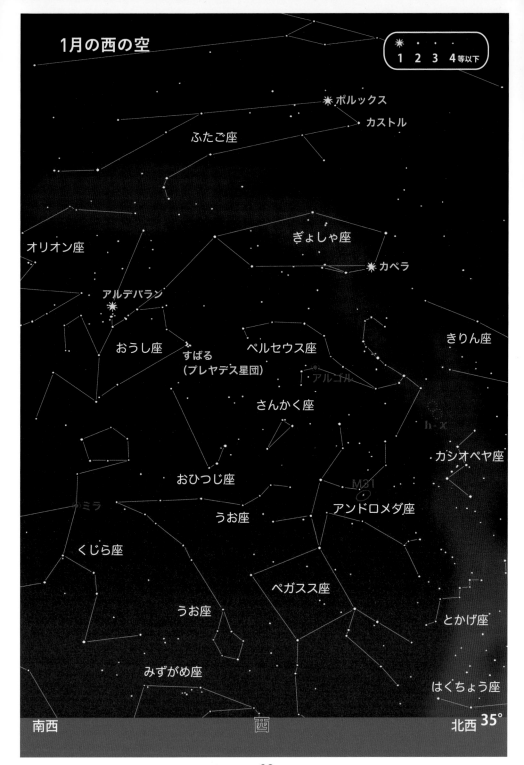

1月の西の空

ポルックス
カストル
ふたご座
ぎょしゃ座
カペラ
オリオン座
アルデバラン
きりん座
おうし座
すばる
（プレヤデス星団）
ペルセウス座
アルゴル
さんかく座
h・χ
カシオペヤ座
M31
おひつじ座
うお座
アンドロメダ座
ミラ
くじら座
ペガスス座
うお座
とかげ座
みずがめ座
はくちょう座

南西　　　　　　西　　　　　　北西　35°

1月の北の空

北斗七星を含むおおぐま座が地平線から昇ってきます。北斗七星は、北の方向を示す北極星を見つける手がかりになる星座です。北極星の見つけ方は下図を参照してください。

北極星のあるこぐま座は、1月の空では観察しやすい位置にあります。北斗七星にも似た「小びしゃく」をさがしましょう。

北極星を挟んで北斗七星のちょうど反対のあたりに、W（右図ではM）字形に星が並んだカシオペヤ座が見えています。カシオペヤ座からも北極星を見

つけることができます。カシオペヤ座のトには、細長い五角形の形をした星の並びを見つけることができます。ケフェウス座です。

北極星の上にはきりん座が頭を下に、逆さまに見えています。きりん座は一年中見えていますが、明るい星でも4等星の暗い星座です。胴体を形づくる3つの星の三角形を目印にさがします。

りゅう座は、北極星から下、地平線に沿って横たわっています。

ぎょしゃ座のカペラは、ほぼ真上に見えています。

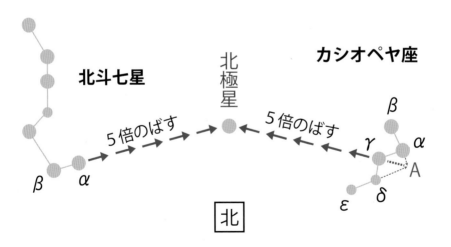

● **北極星の探しかた** いつも真北に見えている2等星が北極星です。北極星を見つけ出す目じるしになるのが、カシオペヤ座と北斗七星です。

1月の北の空

☀ · · · ·
1 2 3 4 等以下

エリダヌス座

オリオン座

アルデバラン

おうし座

おひつじ座

すばる（プレヤデス星団）

ペルセウス座

ぎょしゃ座

さんかく座

アルゴル

カペラ

やまねこ座

アンドロメダ座

h・χ

カシオペヤ座

きりん座

北極星

とかげ座

ケフェウス座

こぐま座

おおぐま座

りゅう座

27°

デネブ

35°

はくちょう座

りょうけん座

北西

北

北東 **43°**

31

2月の星空

冬の星座の代表のオリオン座が宵のころ南中します。オリオン座は、左上の赤い1等星がベテルギウスで、三ツ星をはさんで反対側の白い星がリゲルです。

頭上高くには、ふたご座が見えています、2つの明るい星、カストルとポルックスが目じるしです。ふたご座の南には、おおいぬ座、こいぬ座が見えています。

おうし座、ぎょしゃ座、ペルセウス座、カシオペヤ座も、見やすい位置にあります。東の空には、春の星座のしし座が昇ってきました。

［オリオン座］　冬の大三角の右側に位置する赤色に輝く星がベテルギウスです。この星を目じるしに右下の横に並んだ3個の星がオリオンの腰にあるベルトの部分です。その真下にある「小三ツ星」のあたりに有名な「オリオン大星雲」があります。

［うさぎ座］　オリオン座の足元で踏みつけられているのが、うさぎ座です。アルファベットのHが横になったような星の並びが目じるしです。

［おおいぬ座］　おおいぬ座のシリウスは、犬の鼻先です。ひときわ明るく輝いていますが、全天で一番明るい恒星です。足の部分に相当する小さな三角形を結ぶと、お座りをしたような犬の姿が想像できます。おおいぬ座は、さらに南に低いりゅうこつ座への道しるべになります。

［こいぬ座］　2つの星を1本の線で結んだ小じんまりとした星座です。1等星のプロキオンが目じるしです。

［ふたご座］　ふたご座を見つけるには2個並んだ明るい星のポルックスとカストルをさがします。星座全体でなく、この2つの星だけでも双子の兄弟の雰囲気で見えるでしょう。

［おうし座］　頭上のオレンジ色のアルデバランを見つければそこがおうし座の頭の部分です。「V」字型の星の並びに気付くはずです。肩の部分にあたるのが「すばる」です。

［ぎょしゃ座］　頭上に見えていますが、沖縄などの南の地域では、北の方向を向いて星空を眺めた方が楽に確認できます。1等星のカペラを含む大き

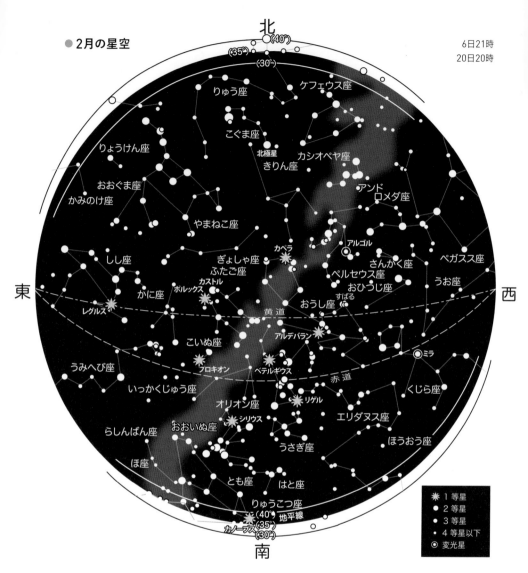

● 2月の星空

北

りゅう座
ケフェウス座
こぐま座
北極星
カシオペヤ座
きりん座
りょうけん座
おおぐま座
アンド
ロメダ座
かみのけ座
アルゴル
さんかく座
ペガスス座
やまねこ座
カペラ
ペルセウス座
ぎょしゃ座
おひつじ座
うお座
しし座
ふたご座
カストル
すばる
かに座
ポルックス
おうし座
黄道
レグルス
こいぬ座
アルデバラン
ミラ
うみへび座
プロキオン
赤道
いっかくじゅう座
ベテルギウス
くじら座
オリオン座
リゲル
らしんばん座
おおいぬ座
シリウス
エリダヌス座
ほ座
うさぎ座
ほうおう座
とも座
はと座
りゅうこつ座
地平線
カノープス
南

東

西

✳	1 等星
●	2 等星
•	3 等星
·	4 等星以下
◉	変光星

な五角形が見つけるポイントです。

　[ペルセウス座]　天の川が見えるような星がよく見える郊外であれば、冬の天の川が北西の方向にたなびいています。この天の川沿いにペルセウス座があります。アルゴルという変光星が

あります。

　[かに座]　かに座を目じるしなしでさがすのはむずかしいので、ふたご座としし座の中間のあたりにある4個の星で形づくる小さな四角形を目印にさがします。

33

2月の東の空

東の空に目を向けると、地平線から30度（げんこつ3個分）ぐらいの高さに白色の1等星、しし座のレグルスがあります。このレグルスを含んだ6個の星でできる逆「？」マークの星の並びがしし座の頭になります。この並びを"ししの大がま"とよんでします。そこから左下に台形を形作っている星の並びが、ししの胴体になります。

しし座のレグルスから右側（南より）に目を向けると、うみへび座の2等星アルファルドが見つかります。この2つの星の間の少し下側にある「へ」の字の星の並びが、ろくぶんぎ座です。

しし座の背中に寄り添うように、こじし座が見えています。明るさの暗い星で形づくられているので、目をこらしてじっくりさがしましょう。

天頂の方に目を向けると、明るい2つの星が並んでいるのが見つかります。

ふたご座の1等星ポルックスと2等星カストルです。ふたご座の下、しし座のとの間には、台形をした星の並びを見つけることができます。これがかに座です。

ふたご座と北斗七星が目じるしのおおぐま座の間には、こじし座とやまねこ座があります。やまねこ座は、こじし座以上に見つけるのに苦労する星座です。

● ふたご座

2月の東の空

2月の南の空

南の空で目につくのは、やはりオリオン座です。オリオン座の右肩に輝く赤い星ベテルギウス、ベテルギウスから東（左）の方にあるこいぬ座の白い星プロキオン、そして南の方角にひときわ青白く光っている、全天でいちばん明るい恒星のシリウスをつなぐと"冬の大三角"です。空の暗い場所で見ると、その大三角の中を天の川が横切っているのがわかります。

この時期、南の空には1等星が7個見えています。ぎょしゃ座のカペラ、おうし座のアルデバラン、オリオン座のベテルギウスとリゲル、おおいぬ座のシリウス、こいぬ座のプロキオン、ふたご座のポルックスです。このうちベテルギウスを除く6つの1等星を結んだのが"冬の大六角形"です。

また、南の空のごく低空には、りゅうこつ座のカノープスが見えます。ただし、南東北より北の地方では、地平線の下になり見ることはできません。

北限は山形県の月山付近です。ちなみに、私が台長を務める福島県田村市の星の村天文台では、南の山々ぎりぎりに見えます。カノープスはひと目見ると長生きできるという長寿星といわれています。空気も澄んで見晴らしが良い時期ですから、関東以南の方はさがしてみてください。

● おおいぬ座

36

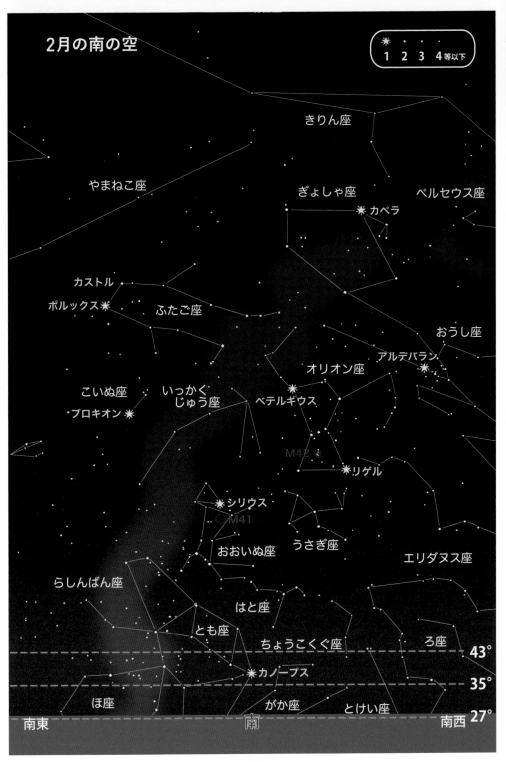

2月の南の空

2月の西の空

西の空で目にとまるのはおうし座です。おうしの2本の角は空に伸びているようにも見えます。1等星アルデバランと、その周りを取り囲むようにV字形の星の並びをしたヒヤデス星団が見えています。アルデバランから少し西（右）に、視力の良い人ならば肉眼でも6〜7個の星の集まりがあることがわかります。これがプレヤデス星団（すばる）です。

おうし座の右上には、五角形の形をしたぎょしゃ座を見つけることができます。将棋の駒に見立てると見つけやすいでしょう。ぎょしゃ座には、黄色みがかって輝く1等星のカペラがあります。おうし座とぎょしゃ座は、1つの星を共有しており、つながっています。

西の地平線近くには、おひつじ座が頭を下にして、沈んでいきます。小さな二等辺三角形をしたさんかく座もおひつじ座の北（右）に見えています。

アルデバランから、北（右）の空には、ペルセウス座が見えています。ペルセウス座は、「ヒ」あるいは「人」の字の星の並びをイメージしてさがします。

● プレヤデス星団
　（すばる）

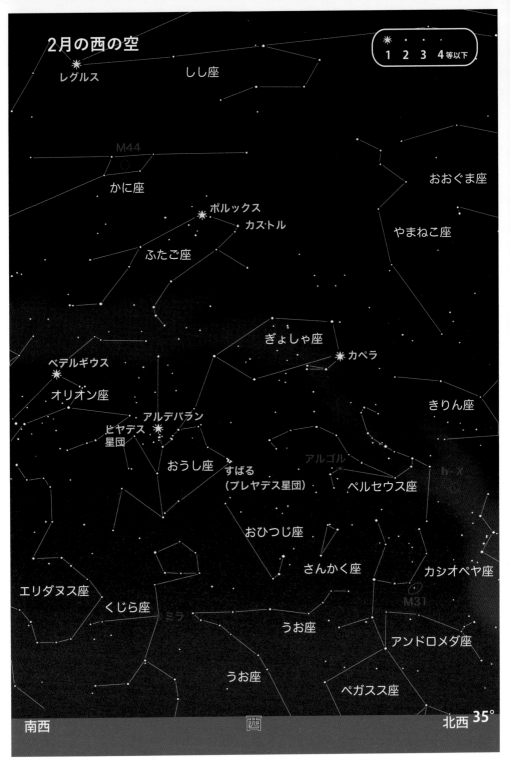

2月の西の空

1 2 3 4等以下

レグルス　　　しし座

M44

かに座

ポルックス
カストル

ふたご座

ぎょしゃ座　　カペラ

おおぐま座

やまねこ座

ベテルギウス

オリオン座

アルデバラン

ヒヤデス
星団

おうし座

すばる
(プレヤデス星団)

アルゴル

ペルセウス座

h・χ

きりん座

おひつじ座

さんかく座

カシオペヤ座

エリダヌス座

くじら座

ミラ

うお座

M31

アンドロメダ座

うお座

ペガスス座

南西　　　　　　　　　　　　西　　　　　　　　　　　　北西 **35°**

39

2月の北の空

北の空に向かって星空を眺めてみると、北西の空高く、1等星のカペラとともに、五角形の星の並びが目じるしのぎょしゃ座が見えています。

天の川に沿って、ペルセウス座、カシオペヤ座が見えています。北東の空に北斗七星が昇ってきました。北斗七星はおおぐま座にある星の並びで、星座ではありませんが、よく目立ちます。この時季のカシオペヤ座と北斗七星は北極星をはさんでほぼ水平に並んでいます。両者とも、北極星をさがし出すための重要な役目を持っています（p.30参照）。

なお、その形から、北斗七星を「大びじゃく」といい、こぐま座を「小びしゃく」ということがあります。

おおぐま座の上には、ふたご座の2つの明るい星、カストルとポルックスが見えています。

COLUMN

北斗七星の動き

北斗七星やカシオペヤ座などの北の空に見える星座は、北極星を中心に時計とは反対方向の、反時計回りに回っているように見えます。1日24時間で、空を一周しますので、1時間で15度、2時間で30度、6時間で90度動くことになります。北斗七星やカシオペヤ座の動きは、時計代わりにもなります。

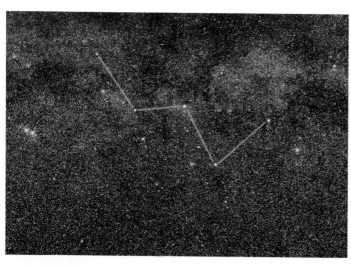

● カシオペヤ座

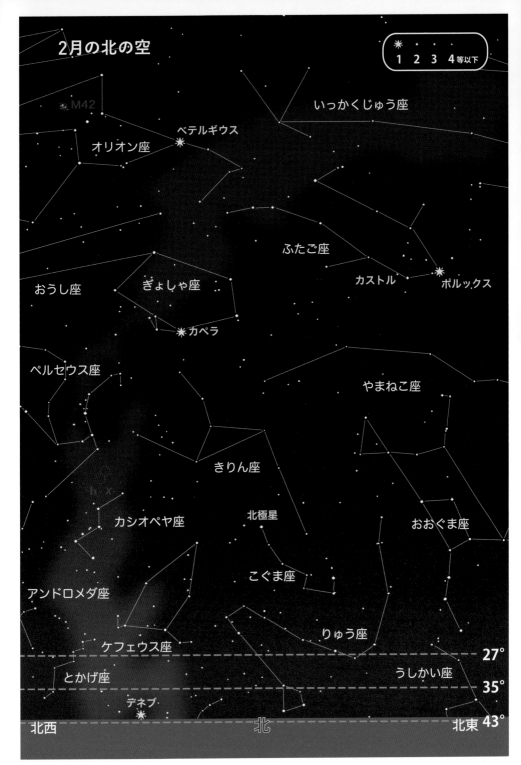

2月の北の空

☀ ・ ・ ・
1　2　3　4等以下

いっかくじゅう座

M42

ベテルギウス

オリオン座

ふたご座

おうし座　ぎょしゃ座

カストル　ポルックス

カペラ

ペルセウス座

やまねこ座

h χ

きりん座

北極星

カシオペヤ座

おおぐま座

こぐま座

アンドロメダ座

りゅう座

ケフェウス座　　27°

とかげ座　うしかい座　35°

デネブ

北西　北　北東 43°

41

3月の星空

　3月になると北半球では、夜の長さが次第に短くなってきます。西の空には冬の星座、東の空には春の星座、しし座が輝いています。しし座の頭部を形づくる「ししの大がま」が目立ちます。その右側に、かに座が見えています。南の空には、ろくぶんぎ座とうみへび座が見えています。

　天頂近く、冬の天の川の淵に輝いている二つの明るい星が、ふたご座のポルックスとカストルです、ほぼ同じ明るさに見えますが、ポルックスは1等星、カストルは2等星に分類されます。

　北東の空の高い位置には、おおぐま座の北斗七星の星の並びが見えています。北斗七星の柄をたどって延長していくと、うしかい座の1等星アルクトゥルスに行き当たり、さらのその先をたどっていくと、南東の低い位置におとめ座の1等星スピカが見つかります。

　［オリオン座］　きれいに3つの星が並んだ「三ツ星」がオリオン座の目じるしです。また、超新星爆発するのではないかとの話題のある赤色の1等星ベテルギウスにも注目しましょう。

　［おおいぬ座］　全天で一番明るい恒星のシリウスが目じるしです。とても明るいので見過ごすことはありません。

　［こいぬ座］　こいぬ座の目じるしとなるプロキオンは、高温度のために白っぽく見えます。いっぽう、冬の大三角のベテルギウスは表面温度が低いために赤色、シリウスは青白っぽい色で見えます。

　［おうし座］　おうしの目にあたるアルデバランはオレンジ色で目立ちます。また、肉眼でも充分観察できるプレヤデス星団（すばる）も目印です。

　［ふたご座］　2つの明るい星、ポルックスとカストル、それぞれに連なる星の並びが平行に2列に並んでいます。

　［かに座］　ふたご座としし座の間に、かに座があります。4等以下の暗い星ばかりなので、かに座の中央にあるプレセペ星団を目じるしにさがす方法もあります。黄道十二星座ですので、ときおり惑星が通過します。

　［しし座］　ししの頭の部分に1等星のレグルスが君臨しています。この時

●3月の星空

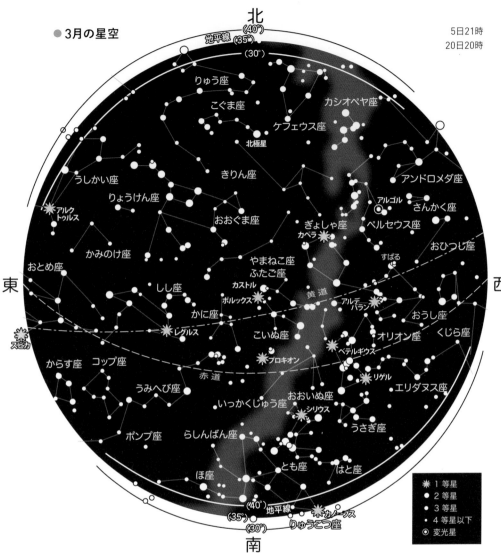

期は前足を伸ばすように天に向かって、ししが吠えているようにも見えます。

　［おおぐま座］　有名な北斗七星の7つの星の並びが目印です。北斗七星のひしゃくの水がたまる四角形の部分から、おおぐまの足や頭の星座の形をたどります。

　［こぐま座］　おおぐま座と合わせて、こじんまりとしたこぐま座をさがし出してください。星空を散歩する親子のクマの姿を想像してください。北極星がしっぽの先で輝いています。

3月の東の空

うしかい座が東の地平線上に横たわるように見えています。

このうしかい座の1等星アルクトゥルスから約25度（げんこつ2個半ぐらい）上に、とても暗い星の固まりを見つけることができます。この「く」の字のような星の並びが、かみのけ座です。かみのけ座と北斗七星の間には、りょうけん座が見えています。

地平線からは、おとめ座が昇ってきています。まだ、全体の姿は見えていませんが、おとめ座の1等星スピカも、地平線近くに見えています。おとめ座のスピカ、うしかい座のアルクトゥルス、しし座の2等星デネボラを結んで形づくる三角形を「春の大三角」とよんでいます。

このスピカを頼りに、右（南）の方に目を向けると、4つの星を結ぶと四角形ができるからす座、そしてからす座の上にはコップ座を見つけることができます。

南東の方角には、地平線から垂直に立ち上るように、うみへび座が見えています。このうみへび座としし座の間には、ろくぶんぎ座が見えています。

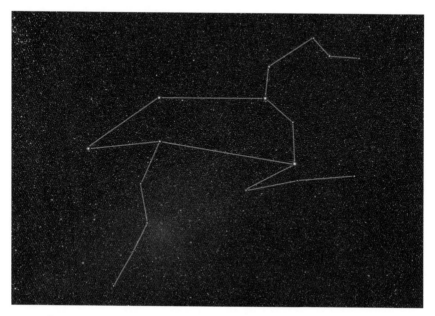

● しし座

44

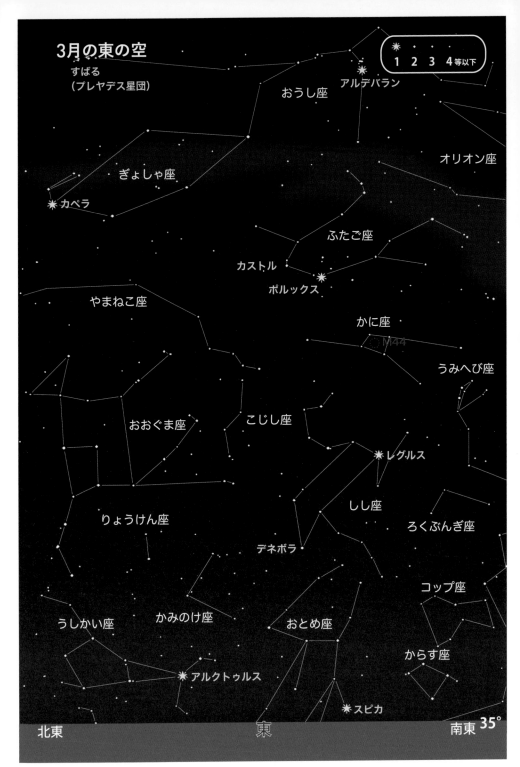

3月の東の空

すばる
（プレヤデス星団）

おうし座

アルデバラン

オリオン座

ぎょしゃ座

カペラ

ふたご座

カストル

ポルックス

やまねこ座

かに座

M44

うみへび座

おおぐま座

こじし座

レグルス

りょうけん座

しし座

ろくぶんぎ座

デネボラ

コップ座

うしかい座

かみのけ座

おとめ座

からす座

アルクトゥルス

スピカ

北東

東

南東 **35°**

3月の南の空

　天頂付近に輝いているのは、オレンジ色の1等星ポルックスと白っぽい2等星カストルで、ふたご座の星です。

　南東の空にはしし座が見えています。1等星レグルスと、「？」マークを裏返しにしたような"ししの大がま"が目じるしです。この"大がま"がししの頭になります。

　ふたご座のポルックス、カストルと、レグルスの間には、かに座があります。かに座は誕生星座の一つですが、暗い星が多いので、慣れるまでは見つけることがむずかしいかもしれません。

　南の西よりの空には、こいぬ座の1等星プロキオンが見えています。こいぬ座は小さな星座ですが、プロキオンが明るいので、簡単に見つけることができます。プロキオンの下には、全天で一番明るい恒星であるシリウスが見えています。

　オリオン座のベテルギウス、おおいぬ座のシリウス、こいぬ座のプロキオンで形づくる三角形が冬の大三角です。その中には、いっかくじゅう座があり、上にはふたご座があります。寒い時期ですが、月明りや街明かりのないところで天の川もぜひ見てみてください。夏ほど濃くは見えませんが、おおいぬ座とオリオン座の左側に淡く見えます。

● かに座
（明るい星は木星）

46

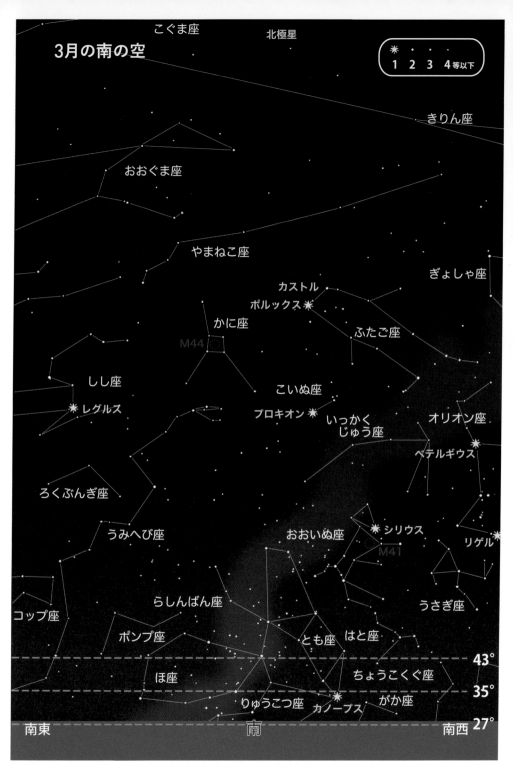

3月の西の空

西の空には明るい1等星がたくさん輝いています。とくに目立つのは全天で一番明るいおおいぬ座のシリウスです。まずはこのシリウスと、こいぬ座のプロキオン、オリオン座のベテルギウスを結んでできる冬の大三角を見つけましょう。

オリオン座の中央に並ぶ「三ツ星」は、2等星ながら目を引きます。三ツ星の下にはさらに小さな3つの星が並ぶ「小三ツ星」があり、すぐ近くに「オリオン大星雲（M42）」があります。この星雲は、星がよく見える空の状態が良い場所であれば、肉眼で見ることができます。

オリオン座の小三ツ星を北（右）向かって視線を動かすと、おうし座の1等星アルデバランとヒヤデス星団、プレヤデス星団が見つかります。そしてその先には、ひっくり返って見えているペルセウス座があります。

南西には少し傾いたオリオン座、その1等星ベテルギウスからむすぶ冬の大三角。頭上には冬の天の川が横切っています。おひつじ座とさんかく座が地平線のすぐ上に見えています。

● オリオン座大星雲（M42）

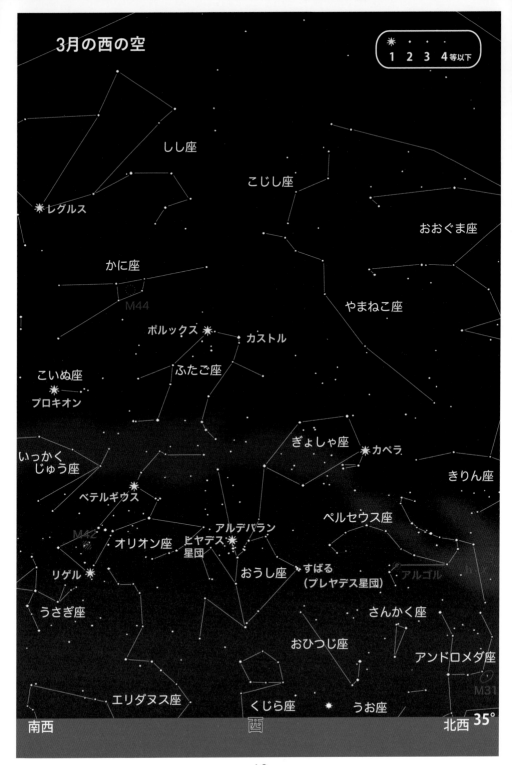

3月の西の空

1 2 3 4等以下

しし座

こじし座

おおぐま座

レグルス

かに座

やまねこ座

M44

ポルックス　カストル

こいぬ座

ふたご座

プロキオン

ぎょしゃ座　カペラ

いっかく
じゅう座

きりん座

ベテルギウス

M42

ペルセウス座

アルデバラン

オリオン座　ヒヤデス
星団

リゲル

おうし座

すばる
（プレヤデス星団）

アルゴル

うさぎ座

さんかく座

おひつじ座

アンドロメダ座

M31

エリダヌス座

くじら座

うお座

南西

西

北西 35°

3月の北の空

　北の空では、北極星の上、ぎょしゃ座とおおぐま座の間にやまねこ座が見えています。やまねこ座は明るい星がないので、月明かりがない夜に星図と星を見くらべながら、じっくりさがしましょう。設定したヘベリウスでさえ「ヤマネコのような鋭眼でないと見つけられない」といったという星座です。

　北斗七星が空高く昇っています。北斗七星は、おおぐま座の背中からしっぽに相当する部分です。これからの季節は、ひしゃくが下向きにひっくり返った姿で見えています。

　こぐま座の小さなひしゃくは北斗七星と反対に、上を向いた形になっています。北極星は、こぐま座のしっぽの先にあたる星です。2等星なのでそれほど明るくないですが、慣れてくればすぐ見つけられるようになるでしょう。

　北の空の低空には、細長くのびた五角形のケフェウス座が見えています。本州以北では、一年中見える周極星座です。とんがり帽子のような、かわいらしい形をしています。ケフェウスは、古代エチオピアの王様で、カシオペヤはその妻、アンドロメダは娘です。

●北斗七星

3月の北の空

✸	・	・	・
1	**2**	**3**	**4等以下**

こいぬ座
✸ プロキオン
うみへび座
かに座
M44
しし座
ポルックス
ふたご座
こじし座
カストル
やまねこ座
ぎょしゃ座
おおぐま座
✸ カペラ
ペルセウス座
きりん座
北極星
ケフェウス座
こぐま座
カシオペヤ座
りゅう座
アンドロメダ座
27°
とかげ座
35°
北西
北
北東 43°

4月の星空

待ち遠しかった春、うららかな暖かい日が続いていることでしょう。夜の観測も心なしか楽になった感じがします。4月の主役は南に高く上ってきた、しし座です。しし座の1等星レグルスは、ししの心臓にあたり、"小さな王さま"という意味です。レグルスから上に「?」マークを裏返したような星の並びをたどると、そこがしし座の頭と胸です。東側の三角形の星の並びがしっぽとおしりになります。

しし座の下に長々と横たわっているのが、うみへび座です。暗い星ばかりのこの星座は、頭から尾まで空に昇りきるのに約7時間もかかる、全天で一番大きな星座です。

[しし座] 天高くその姿を見ることができる時期、春の季節の到来を感じさせます。はてなマーク「?」を裏返したようなレグルスを含む頭部と前足の部分が目立ちます。また、胴体と後ろ脚もはっきりとした星の並びなので、しし座は星座の姿（獅子/ライオン）のイメージしやすい星座です。

[おとめ座] おとめ座の目じるしは、白く輝く1等星のスピカです。春の星座の中で純白に輝き、真珠星ともよばれています。この時期は南東の空にスピカがおしとやかに輝いているような感じがします。

[うみへび座] 春の星座は冬の星座ほど明るいものがない中で、この星座は淡い星ぼしがうねうねと東西にほぼ100度にもおよび、南の空を覆っているのが印象的です。こいぬ座のプロキオンを目安に少々左手を見ると、うみへびの頭の部分に三角に並んだ星が淡いながらも確認できます。そこから曲がりくねったようにおとめ座近くまでのびています。

[おうし座] 遅い時間帯には西の空の低く、なかなか確認しづらい位置になってきました。それでもプレヤデス星団（すばる）とヒヤデス星団を目じるしにさがすことができます。

[ふたご座] 双子の頭の部分に輝くポルックスやカストルは西に傾きつつあっても目立つ星の並びです。月明かりがないような夜にはカストル側の足元にM35という星団がぼんやりと見

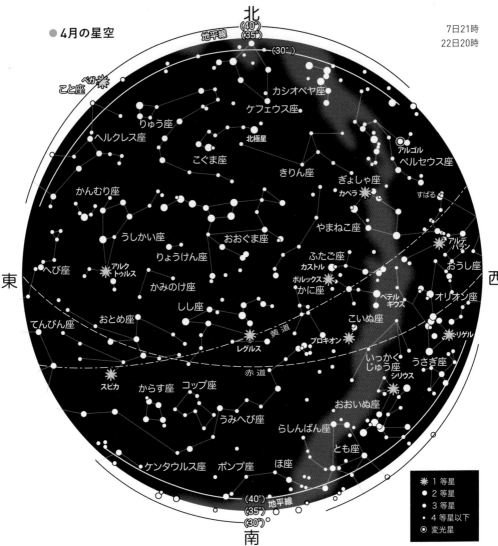

北
(40°)
(35°)
地平線
(30°)

ベガ
こと座

カシオペヤ座

ケフェウス座

りゅう座

ヘルクレス座

北極星

アルゴル

こぐま座

ペルセウス座

きりん座

ぎょしゃ座

すばる

かんむり座

カペラ

やまねこ座

うしかい座

アルデバラン

東

おおぐま座

ふたご座

おうし座

りょうけん座

カストル

アルクトゥルス

ポルックス

かに座

ベテルギウス

西

かみのけ座

へび座

ベテルギウス

オリオン座

しし座

こいぬ座

おとめ座

黄道

リゲル

てんびん座

レグルス

プロキオン

うさぎ座

赤道

いっかくじゅう座

スピカ

からす座 コップ座

シリウス

おおいぬ座

うみへび座

らしんばん座

とも座

ケンタウルス座 ポンプ座 ほ座

(40°) 地平線
(35°)
(30°)

南

※ 1等星
● 2等星
・ 3等星
・ 4等星以下
◎ 変光星

えます。この星団が肉眼で見ることが
できれば、そこは星空観察地としては
一等地です。

　[かに座]　かに座には肉眼で見るこ
とのできるプレセペ星団があります。
これを目じるしにかに座をさがすこと

もできます。ぼんやりとした星のよう
な固まりがある場所が、かに座です。
ふたご座としし座を確認してから、そ
の中間あたりを注意深くさがしてみま
しょう。

4月の東の空

東の空には、地平線から約35度（げんこつ3個半ぐらい）の高さで、うしかい座の1等星、アルクトゥルスが見えています。アルクトゥルスは日本では「麦星」の異名もある星です。

うしかい座は横たわるように見えています。ネクタイのような形を想像して、アルクトゥルスから左手（北）に向かって、6つの星並びをさがしてみましょう。

このうしかい座の下に、Cを逆にした形のような7つの星の並びがあります。これがかんむり座です。

アルクトゥルスから右（南）にげんこつ3個分くらいのところにあるのが、おとめ座の1等星スピカです。おとめ座はこのスピカと、大きなYの字の並びを目じるしにさがしましょう。なお、スピカには「真珠星」という異名もあります。

北斗七星のひしゃくの柄の部分のカーブをそのまま延長し、アルクトゥルス、スピカとつないだ曲線を「春の大曲線」といいます。

うしかい座とおおぐま座の間にはりょうけん座があります。このぐらいの高さになると、見つけやすいでしょう。

東の地平線からは、へび座、てんびん座などの夏の星座が昇り始めています。

● うしかい座とかんむり座

4月の東の空

1 2 3 4等以下

ふたご座

カストル　ポルックス

やまねこ座

かに座

M44

こじし座

おおぐま座

しし座

レグルス

りょうけん座

りゅう座

かみのけ座

おとめ座

うしかい座

アルクトゥルス

スピカ

かんむり座

M13

てんびん座

ヘルクレス座

へび座

北東

東

南東 **35°**

4月の南の空

　南の空高く、しし座が見えています。まず、しし座のトレードマークの「？」を裏返しにしたような「ししの大がま」を見つけましょう。「？」マークは1等星のレグルスから連なっています。

　このしし座の下には、全天でもっとも長い星座、うみへび座があります。うみへび座の頭部は、3〜4個ぐらいの星が、口を開けた蛇のような形をして並んでいます。頭部はしし座の1等星レグルスと、こいぬ座の1等星プロキオンの間ぐらいの位置にありますが、そこにつながる胴体は東西に長く、100度を超える長さの星座です。うみへび

座が南の空を通過するタイミングが、星座の全体の姿を見るチャンスです。

　南東の空にはおとめ座の1等星スピカが見えています（p.67参照）。このスピカのすぐ西（右）に、3等星で形づくる小さな四辺形があります。これがからす座です。

　コップ座は、からす座の西（右）にあります。ふだん私たちが使っている見慣れた形のコップではなく、杯のような形をしています。

　ろくぶんぎ座はとても小さな星座です。しし座のレグルスの下、うみへび座のアルファルドのすぐ東（左）にあり、4等星と5等星で形づくられていて、見つけるのがとてもむずかしい星座です。

● うみへび座

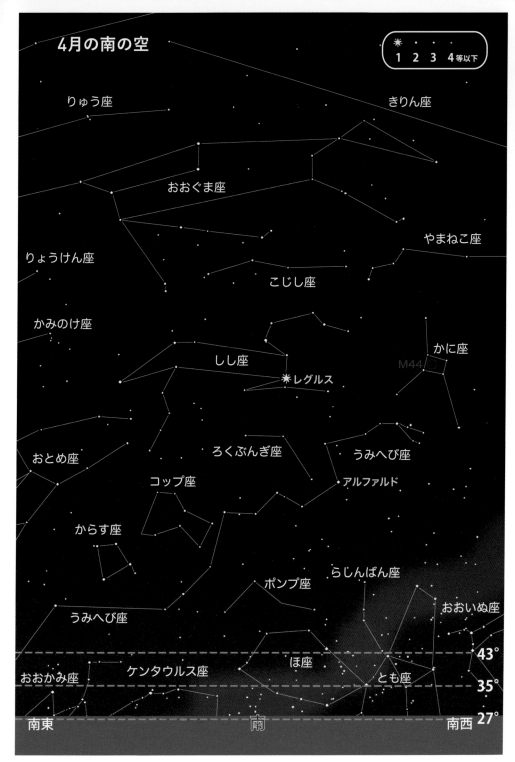

4月の南の空

☀ ・ ・ ・
1 2 3 4等以下

りゅう座

きりん座

おおぐま座

やまねこ座

りょうけん座

こじし座

かみのけ座

かに座

M44

しし座

☀レグルス

おとめ座

ろくぶんぎ座

うみへび座

コップ座

アルファルド

からす座

らしんばん座

ポンプ座

おおいぬ座

うみへび座

ほ座

とも座

43°

おおかみ座

ケンタウルス座

35°

南東

南

南西 27°

4月の西の空

　冬の大三角も大きく西空に傾きました。この冬の大三角の中には、いっかくじゅう座が見えています。

　オリオン座が地平線のすぐ上に輝いています。小さな3個の星の並びと、それを取り囲む4つの星が目じるしです。

　オリオン座が見つかったら、少し北（右）の空を見て見ましょう。オレンジ色をしたおうし座の1等星アルデバランが見つかります。さらに少し離れたところに6〜7個の小さな星のかたまりが見えていることに気がつきます。プレヤデス星団（すばる）です。

　冬の大三角の右上のプロキオンを目じるしに西（右）をさがすと、2つの明るい星、ポルックスとカストルが並んで見えています。この2つの星を頼りにふたご座の星座を結びます。

　おうし座の上には、将棋の駒や野球のホームベースの形にも見えるぎょしゃ座の五角形も見えています。天頂付近には、しし座が西の地平線に向かって下りてくるように見えています。

　こいぬ座のプロキオンの上には、いびつな四辺形が目じるしのかに座があります。左上にはうみへび座の頭と見立てる星の並びがあり、うみへび座が東の空まで、長く伸びています。

● 沈むオリオン座

4月の西の空

うしかい座

1　2　3　4等以下

アルクトゥルス

かみのけ座

りょうけん座

おおぐま座

しし座

こじし座

レグルス

やまねこ座

かに座

M44

うみへび座

ポルックス

カストル

プロキオン

ぎょしゃ座

カペラ

こいぬ座

きりん座

ふたご座

いっかく
じゅう座

ベテルギウス

アルデバラン

ペルセウス座

アルゴル

おおいぬ座

M41

M42

オリオン座

おうし座

すばる
（プレヤデス星団）

うさぎ座

リゲル

エリダヌス座

南西

西

北西 **35°**

59

4月の北の空

北東の空にはりゅう座が昇ってきました。こと座のベガを目じるしに、左上の方角をさがすと、りゅうの頭に相当する小さな四角形が見つかります。りゅう座の体は、こぐま座を大きく取り囲むように見えます。

天頂付近には、おおぐま座が昇ってきました。おおぐま座は春〜夏にかけて一番見やすくなります。おおぐま座の一部である、ひしゃくの形をした北斗七星は、おおぐま以上に有名です。右の図では、ひしゃくは下向きになっています。北極星は北斗七星のひしゃくの水をくむところにある2つの星の間の間隔を5倍伸ばして見つけることができます。こぐま座のしっぽの先が北極星です。北極星はカシオペヤ座からもたどって見つけることができます。今はカシオペヤ座は低くなりすぎて、たどることはできませんが、逆に北斗七星が見にくくなる時期には、北極星を見つけるためにとても役立ちます（p.30参照）。

おおぐま座の上には、こじし座が見えています。りょうけん座は、北斗七星の柄、おおぐまのしっぽの上に見えています。北斗七星の先端から上の方向にポツンと1つ見える星なので、目立つでしょう。

● 春の大曲線
　（スピカの右上の
　　明るい星は土星）

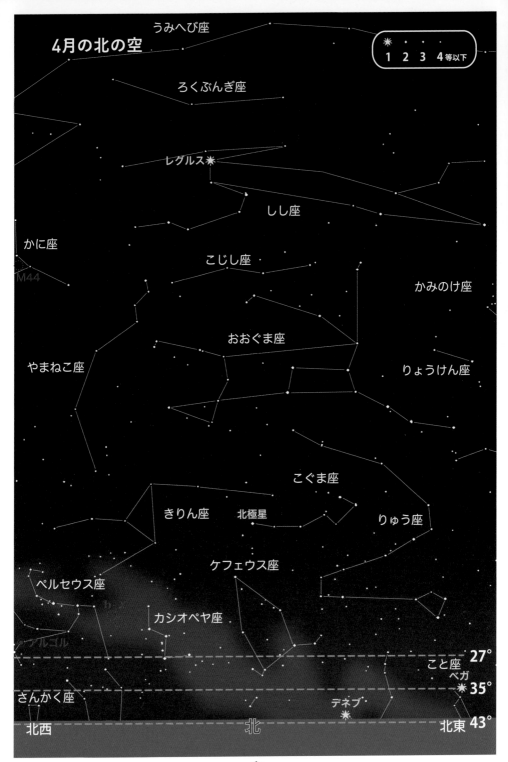

4月の北の空

うみへび座

ろくぶんぎ座

1　2　3　4等以下

レグルス

しし座

かに座

こじし座

かみのけ座

M44

おおぐま座

やまねこ座

りょうけん座

こぐま座

きりん座　北極星　りゅう座

ケフェウス座

ペルセウス座

カシオペヤ座

アルゴル

こと座
ベガ　27°

さんかく座

デネブ　35°

北西　　　　　　北　　　　　　北東　43°

5月の星空

こいのぼりが泳いでいる姿と一緒に星座鑑賞をするのは風情があって、とてもよい感じです。この時期は夜の冷え込みも少なくなり、服装も軽装で星座さがしが楽しめます。

5月の星空は、ヘルクレス座やおとめ座など、静かな落ち着いた春の星座が見えています。こと座の青白い1等星、ベガが北東の空に昇ってきます。

北の空ではおおぐま座の北斗七星が見ごろです。北斗七星の曲がった柄のカーブをそのまま南へ延ばしていくと、オレンジ色の明るい星、うしかい座の1等星アルクトゥルスにあたります。さらに南へカーブを延ばすと、白く光るおとめ座の1等星スピカに当たります。これが春の大曲線です。

さらにこの曲線をスピカからのばすと、4つの3等星が作る台形の星が並び、からす座が見つかります。夜半すぎには南東の空に、さそり座が昇ってきます。赤い色のアンタレスがさそり座を見つける目じるしです。

［うみへび座］　南側の空の領域をうねりくねったうみへび座が、ひそかに君臨しています。頭の部分は周りに星が少ないので、3等星ですがその形がよくわかります。一段折れ曲がったあたりに赤っぽい色をしたアルファルドという2等星があり、うみへびの心臓という意味を持っています。この星からさらに左側のからす座を超えて東へ続き、その尾の先は夏の星座のてんびん座まで到達します。

［からす座］　うみへび座のしっぽに乗っているような、少しゆがんだ台形の星の並びをさがします。これがからす座です。

［かに座］　かに座の中心にあるプレセペ星団を取り巻く台形の星ぼし。そこから延びるように、かにの手足が伸びているのを想像してさがします。

［しし座］　頭上を通り越して西の空に差しかかりました。1等星のレグルスの付近は月が通過する白道とも近いので、この時期は、半月前の月をししが前足で蹴っているようにも見えます。

［おとめ座］　南東の空にポツンと白い星が見つかります。1等星のスピカ

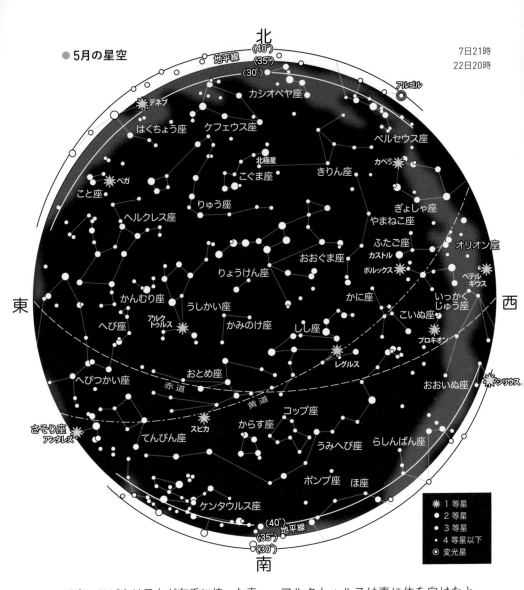

● 5月の星空

北

（40°）（35°）（30°）地平線

アルゴル

デネブ

はくちょう座　ケフェウス座　カシオペヤ座

ペルセウス座

北極星

ベガ　こぐま座　カペラ

こと座　りゅう座

きりん座

ヘルクレス座

ぎょしゃ座

やまねこ座

ふたご座

カストル　オリオン座

おおぐま座

りょうけん座

ポルックス　ベテルギウス

東　かんむり座　うしかい座

へび座　アルク　かみのけ座

トゥルス　かに座

いっかく

じゅう座　**西**

こいぬ座

プロキオン

しし座

へびつかい座　おとめ座

赤道　レグルス

黄道　おおいぬ座　シリウス

コップ座

さそり座　スピカ　からす座

アンタレス　てんびん座

うみへび座　らしんばん座

ポンプ座　ほ座

ケンタウルス座

（40°）
（35°）地平線
（30°）

南

✴	1等星
●	2等星
•	3等星
·	4等星以下
◎	変光星

です。スピカは乙女が左手に持った麦の穂の部分に輝いています。おとめ座は大きな面積を持つ星座なので、この時期は、横になった状態で全体を見ることができます。

　［うしかい座］　オレンジ色の1等星アルクトゥルスは東に体を向けたとき、すでに中天高く昇っています。オリオンのこん棒のように先太りの星の並びで、左手で猟犬2匹（りょうけん座）を引き連れています。またこの左下には、かんむり座が存在しています。

63

5月の東の空

東に向かって北より（左）、地平線から20度ぐらいに、こと座の1等星ベガが見えています。ベガの下には、小さな平行四辺形をしたこと座の形がわかります。

ベガとアルクトゥルスの間には、ヘルクレス座と、Cの形を逆向きにしたようなかんむり座を見つけることができます。横たわるように見えるヘルクレス座は、ヘルクレスの腰の部分にあたる、Hに似た星の並びが目じるしです。

天頂付近には、りょうけん座とかみのけ座を見つけることができます。

北斗七星の柄のカーブを延長するように伸ばして、アルクトゥルス、スピカへとたどる春の大曲線を目じるしに、星座たちをさがしてみましょう。

南東の地平線からは、さそり座の1等星アンタレスが昇ってきます。そのさそり座の頭の上に、四角形の星の並びが目じるしのてんびん座を見つけることができます。

さそり座の左、さそり座とヘルクレス座に挟まれるように、へび座とへびつかい座が昇ってきています。

東の空は、しだいに夏の星座が多くなってきています。

下の写真の青白い星がベガです。ベガの左下の星はダブルダブルスターとよばれ、望遠鏡で見るとお互い2個ずつの星が接近した二重星になっています。

● こと座

64

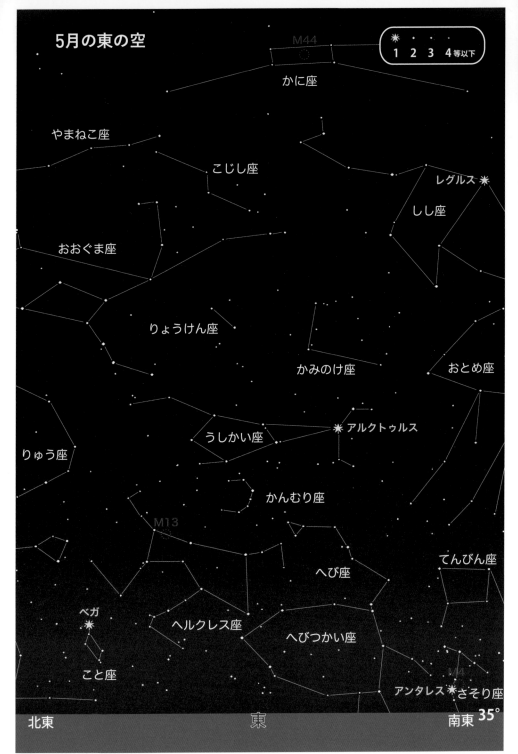

5月の東の空

M44

1 2 3 4等以下

かに座

やまねこ座

こじし座

レグルス

しし座

おおぐま座

りょうけん座

かみのけ座

おとめ座

アルクトゥルス

うしかい座

りゅう座

かんむり座

M13

てんびん座

へび座

ベガ

ヘルクレス座

へびつかい座

こと座

M4

アンタレス さそり座

北東　　　　　　　　　　　　　　　　　東　　　　　　　　　　　　　　　南東 **35°**

65

5月の南の空

南から少し東(左)よりの空に、おとめ座の1等星スピカが見えています。その少し西(右)側、スピカから上に見えるＹの字の星の並びが、おとめ座を見つけるときの目じるしです。

南に見えるのは、台形のような形をしたからす座です。からす座の西(右)には、杯のような形をした星の並びをしたコップ座が見えています。さらに西にはろくぶんぎ座があり、これらの小さな星座を背中に乗せるようにして、東西に長く伸びたうみへび座が見えています。その先、南東の空には、てんびん座が見えています。

天頂付近には、西から順に、しし座、かみのけ座、うしかい座が見えています。うしかい座は、アルクトゥルスから北東に6つの星を結んで、逆さまのネクタイのような形を描きます。その西側にあるのがりょうけん座、その下にある暗い星の集まりがかみのけ座です。

沖縄など南の地方では、みなみじゅうじ座の上部が見えるようになります。一番見やすくなるのは6月ごろでしょう。

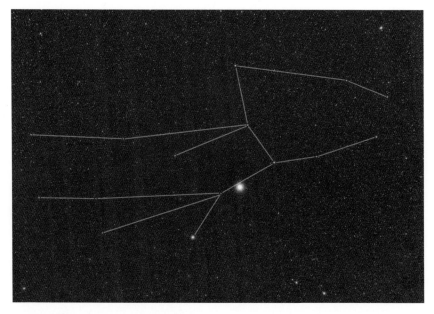

● **おとめ座**（中央の明るい星は木星）

66

5月の南の空

💥 ・ ・ ・
1 2 3 4等以下

きりん座

りゅう座

おおぐま座

りょうけん座

うしかい座

かみのけ座

こじし座

しし座

アルクトゥルス

レグルス

おとめ座

コップ座

ろくぶんぎ座

スピカ

てんびん座

からす座

うみへび座

ポンプ座

43°

おおかみ座

ケンタウルス座

ほ座

35°

ガクルックス

ミモザ

南

27°

南東

南西

5月の西の空

　西の空で目立つのは、横に並んで見える2つの星、ふたご座のカストルとポルックスです。

　地平線に沿って、北西の空から、ぎょしゃ座のカペラ、ふたご座のカストルとポルックス、こいぬ座のプロキオン、しし座のレグルスが見えています。これらの明るい星を目じるしにして、星座をさがすとよいでしょう。

　レグルスの左下には、暗い星でできた、くの字を裏返したような形のろく

ぶんぎ座があります。

　かに座は、ふたご座のポルックス、こいぬ座のプロキオン、しし座のレグルスに囲まれた三角形の中にある、小さな四角形が目じるしです。

　七つの星がひしゃくのように並んで見えるおおぐま座の北斗七星が高く昇っています。こじし座は、そのおおぐま座としし座の間にはさまれるような位置にあり、4つの暗い星で形づくられています。

　頭上には、うしかい座のアルクトゥルスが見えています。

COLUMN
星の色

　星をよく見てみると、いろいろな色で光っていることに気付きます。

　星の色の違いは、星の表面温度の違いを表わしています。高温の星は10000度（K）くらいで青白く見え、低温の星は3000度くらいで赤っぽく見えます。

　恒星で一番明るいおおいぬ座のシリウスは青白く見え、表面温度は10000度です。ぎょしゃ座のカペラの表面温度は5800度で黄色に見えます。おうし座のアルデバランは3800度でオレンジ色、さそり座のアンタレスは3200度で赤色に見えます。

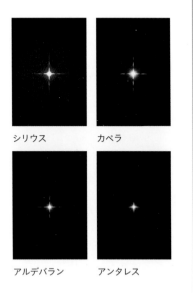

シリウス　　カペラ

アルデバラン　　アンタレス

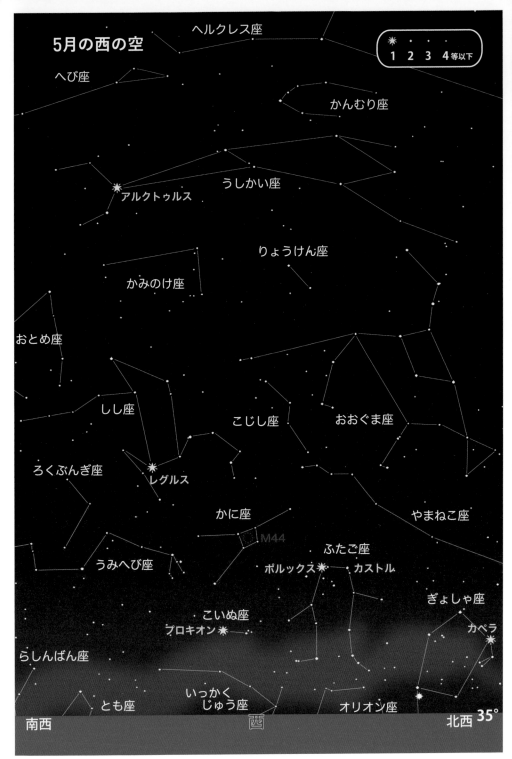

5月の北の空

アルファベットのW字形の星の並びをしたカシオペヤ座が、北の空ごく低く見えています。本州北部より北の地方では、カシオペヤ座は地平線の下に沈まず、一年中見えている周極星座です。

地平線に沿って北東の空から、はくちょう座、ケフェウス座、カシオペヤ座、ペルセウス座、ぎょしゃ座が見えています。これらの星座にそって夏から秋の天の川が、北の地平線に沿って見えています。ただし、よほど空の暗い場所でないと、この天の川の姿を見ることはできません。

おおぐま座の北斗七星の柄の先から2番目の星は、ミザールとアルコルという名前の二重星です。明るい方がミザール、暗い方がアルコルです。この2つの星は、視力のよい人であれば、肉眼で2個の星に分離して見えます。かつては、この星が分離して見えるかどうかが視力検査に使われたといわれています。そして天体望遠鏡でのぞいてみると、ミザールはさらに2つの星が連なっているのがわかります。

なかなか見つけにくい、りゅう座やりょうけん座が空高く昇ってきましたので、星図と実際の星空をも見くらべながら、星座をたどってみましょう。

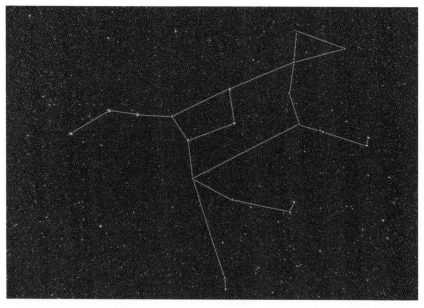

● おおぐま座と北斗七星

70

5月の北の空

1 2 3 4等以下

おとめ座

しし座

かみのけ座

こじし座

りょうけん座

うしかい座

おおぐま座

やまねこ座

こぐま座

りゅう座

北極星

きりん座

ケフェウス座

カペラ

ぎょしゃ座

カシオペヤ座

はくちょう座

デネブ 27°

35°

アルゴル

とかげ座

北西 北 北東 43°

6月の星空

　6月は夏至を迎えますので、一年中でもっとも昼の時間帯が長い時期です。ですから夜の時間帯が短くなり、星空の観察ができる時間が短くなります。

　北の空高く昇った北斗七星のひしゃくの柄から、そのカーブ（春の大曲線）に沿ってのばした先には、うしかい座のアルクトゥルス、さらにその先にあるおとめ座のスピカが見やすくなっています。この2つの星は色の対比が美しく、日本では「春の夫婦星」とよばれてきました。スピカの下、南の地平線近くには、ケンタウルス座が見えています。

　天頂近くにあるうしかい座の東には、半円形をした星の並びは、かんむり座です。

　南東の空には、さそり座が見えてきました。さそり座の全体の姿を見たいのであれば、南の空が地平線まで開けた場所で星座の観察をしましょう。

　[おおぐま座]　おおぐま座は面積の大きな星座です。天高く見えるような時期には、夜空をぐるりと見回さない

といけません。北の方角を向き、北斗七星に足や頭の部分を付け加えてみると逆立ちしたように見えます。

　[こぐま座]　北を向いたなら北極星を見つけるついでに、こぐま座も探し出してみましょう。こぐま座のしっぽの星が北極星です。地球の地軸の延長線上が天の北極で、北極星はここから少々ずれたところに存在しています。

　[りゅう座]　北極星の右上の方向、あるいは、こと座のベガから北の方向を見ると、小さなひしゃげた四角形があるのがわかります。これがりゅうの頭の部分に相当します。ここからいったんケフェウス座の方向に向かったあとUターンして、うしかい座の方向に向かい、さらに直角方向に折れ曲がって、おおぐま座の頭の方までのびています。大きく曲がりくねったこの星座は、こぐま座を包みこむような感じです。星図と見くらべながらさがしましょう。

　[うしかい座]　天頂に見えています。うしかい座の1等星アルクトゥルスは、「麦星」や「麦刈り星」といわれ、南の空高く昇ったころが麦を刈る時期

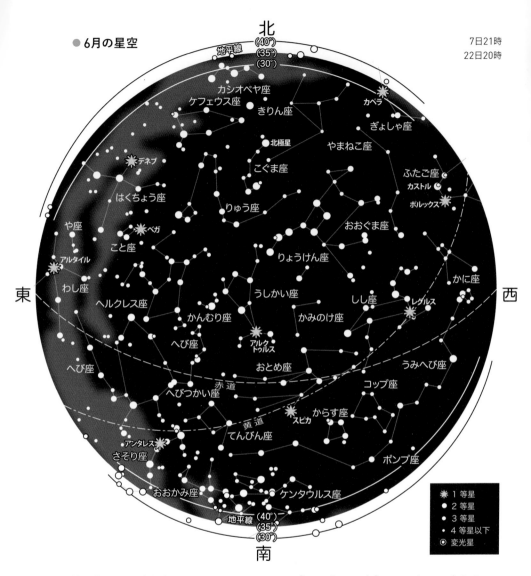

だとされていました。

[かんむり座] うしかい座のすぐ東側に寄り添うように、7つの星でくるりと半円形を描いています。小さな星座ですが、特徴のある形なので見つけやすい星座です。

[ヘルクレス座] ヘルクレス座から夏の星座に入ります。明るい星がなく3等星や4等星で、アルファベットのHの形をした星の並びをたどります。星の並びがわかりにくいときは双眼鏡を使ってもよいでしょう。

6月の東の空

東の空の地平線から少し上のあたりに見える明るい星は、わし座の1等星アルタイルです。アルタイルは七夕の牽牛星（彦星）として知られています。このアルタイルを含んだ明るい3つの星が縦に並んでいるのが、わし座の目じるしです。わし座のすぐ右上には、わし座と並ぶように、天の川の中にたて座が見えています。

わし座の左には、大きな十字形の星の並びを見つけることができます。はくちょう座の北十字です。はくちょう座は、地平線の上を南に向かって飛んでいるような姿に見えます。

はくちょう座の1等星デネブとわし座のアルタイルの上に、明るく輝くこと座のベガがあります。この3つの星を結んでできる三角形を「夏の大三角」とよんでいます。

ヘレクレス座は、夏の大三角の上に横たわるように見えています。アルファベットのHが横倒しになったような星の並びが、ヘレクレス座の目じるしです。

南東の空高くには、オレンジ色に輝くうしかい座の1等星アルクトゥルスが見えています。うしかい座とヘルクレス座の間には、7つの星が小さな半円形にかたまった、かんむり座があります。

● わし座とや座

6月の東の空

☀ ・ ・ ・
1 2 3 4等以下

しし座

こじし座

りょうけん座

かみのけ座

おおぐま座

おとめ座

☀ アルクトゥルス

うしかい座

かんむり座

りゅう座

M13

へび座

ヘルクレス座

へびつかい座

☀ ベガ

こと座

はくちょう座

へび座

デネブ ☀

や座

わし座

こぎつね座

☀ アルタイル

たて座

いて座

いるか座

北東

東

南東 **35°**

75

6月の南の空

南の空の天頂近くには、うしかい座の1等星アルクトゥルスが見えています。

アルクトゥルスの右下には、おとめ座の1等星スピカが見えています。

スピカからうみへび座の尾を通り抜け、さらに南（下）の低空に目を向けると、ケンタウルス座の一部が地平線上に見えています。日本から見えるのはケンタウルス座の上半分です。

ケンタウルス座にはω星団とよばれる全天でいちばん大きな球状星団があり、肉眼で見ることができます。

ケンタウルス座の下には、みなみじゅうじ座が見えています。みなみじゅうじ座は南十字星ともよばれ、そちらの方がなじみ深いかもしれません。日本では、沖縄や小笠原諸島などでは、南の地平線すれすれに、みなみじゅうじ座を見ることができます。

南東の空に見えている赤い星は、さそり座の1等星アンタレスです。アンタレスの右上、おとめ座のスピカから視線を左に動かしていくと、くの字の形をした星の並びが目じるしのてんびん座を見つけることができます。

● てんびん座

6月の南の空

こぐま座

1 2 3 4等以下

りゅう座

おおぐま座

りょうけん座

うしかい座

かんむり座

かみのけ座

ヘルクレス座

アルクトゥルス

へび座

おとめ座

へびつかい座

てんびん座

スピカ

コップ座

うみへび座

アンタレス M4

からす座

さそり座

おおかみ座

ケンタウルス座　43°

じょうぎ座

リギル・
ケンタウルス

みなみ
じゅうじ座
ガクルックス　35°

ハダル

南東

南

ミモザ

南西 27°

6月の西の空

冬の星は、ふたご座のポルックスとカストルを除いて、夜空からほぼ姿を消しました。西の空低くには、しし座のレグルスが輝いています。東の空から昇ってくるときのしし座はとても勇ましく駆け上がってくるように見えますが、このように西の空で見るしし座は、頭から急いで地平線に逃げ込んでいくように見えます。

おおぐま座のお尻の上、りょうけん座の左に、とても小さな星のかたまりが三角形になっているのが見えます。この星のかたまりは、かみのけ座を作るMel.11とよばれる星団です。かみのけ座は散開星団が星座になっている、とてもめずらしい星座です。

ごく低空の西から南の空にかけて、うみへび座が、うねうねと横たわり、ろくぶんぎ座とコップ座、そしてからす座を背負うように見えています。全長が100度にも達する星座で、しっぽの先は南東の空まで伸びています。

6月は夏至をはさみ、1年でもっとも夜が短いころです。西の空も、日が沈んでもなかなか薄明が終わりません。星が見えてくるにはだいぶ時間がかかりますが、あせらず待ってみてください。

● 沈むしし座と木星

78

6月の西の空

☀	・	・	・
1	**2**	**3**	**4等以下**

へびつかい座

ヘルクレス座

M13

かんむり座

へび座

うしかい座

りゅう座

アルクトゥルス

かみのけ座

りょうけん座

おとめ座

おおぐま座

しし座

こじし座

コップ座

レグルス

ろくぶんぎ座

やまねこ座

かに座

ふたご座

M44

うみへび座

ポルックス　カストル

南西　　　　　　　　　　西　　　　　　　　北西 **35°**

6月の北の空

こぐま座の尾の先にあるのが北の目じるし、北極星です。北極星を見つけることは、星座さがしや天体観測ではとても重要です。北斗七星やカシオペヤ座から見つける方法を覚えておいてください（p.30参照）。

こぐま座を包み込むようにカーブを描いて、りゅう座が見えています。包み込むというより、りゅう座がこぐま座の周りにとぐろを巻いているように見えるかもしれません。暗い星の並びなので、星図を頼りにじっくり星をつないでいきましょう。りゅう座の星座線をつなぐのには、根気が必要です。

きりん座は北極星の左下、こぐま座のしっぽをのばした方向に見えています。きりん座の胴体にあたる、三角形の星の並びをさがしてみましょう。暗い星でできた、見つけにくい星座ですが、この季節はきりん座はちょうど立っているように見えるので、心なしかきりんの姿に見えてきます。

北の空、地平線すぐ近くに、W字形の星の並びをしてカシオペヤ座が見えています。その上には、細長くのびた五角形の星の並びのケフェウス座が横倒しに見えています。ケフェウス座の五角形の先は、きりん座を指していますので、きりん座をさがすときの参考にしてください。

● こぐま座

6月の北の空

星の等級:
1　2　3　4 等以下

おとめ座

アルクトゥルス

へび座

かんむり座

かみのけ座

うしかい座

りょうけん座

ヘルクレス座

りゅう座

おおぐま座

こぐま座

北極星

ケフェウス座

きりん座

やまねこ座

カシオペヤ座

とかげ座

27°

ぎょしゃ座

ペルセウス座

カペラ

35°

アンドロメダ座

北西　　　　　　　　　　北　　　　　　　　　　北東　43°

7月の星空

南東の空では、さそり座のS字のカーブの星の並びが、地を這うように昇ってきます。さそりの心臓に位置する赤い1等星アンタレスは、アンチ・アーレス、つまり火星の敵という意味です。てんびん座、さそり座、いて座は、宵の早い時間に観察することをおすすめします。

アンタレスの上には、大きめ五角形の形をした星の並びがあります。これがへびつかい座です。へびつかい座にまとわり付いているようなへび座ですが、へびつかい座によって、頭と尾とに分けられてしまった星座です。

東の空には明るい3つの星を結ぶと三角形になる「夏の大三角」を見つけることができます。

西の空に見える明るいオレンジ色の星は、うしかい座のアルクトゥルスで、さらに西の空の低い位置には白色のおとめ座のスピカが見えています。

北の空では、ヘルクレス座と北極星の間に、曲がりくねった星の並びのりゅう座が見えています。

[おとめ座] 南西の空に静かに輝く1等星はスピカ。春を代表するこの星座ともそろそろしばしのお別れになります。

[てんびん座] さそり座の1等星アンタレスの右のあたりに、3等星の3個の星がひらがなの「へ」の字を立てかけた姿に見えます。

[さそり座] 夏の星座の代表格の星座です。目じるしはアルファベットのSの字の形の星の並びです。赤色の星が1等星のアンタレスで、サソリの心臓に相当します。

[いて座] いて座には北斗七星の星の並びに似た「南斗六星」という星の並びがあります。この星の並びがいて座を見つけるポイントです。南斗六星をさがす際には、柄の先端の星が天の川の星ぼしに埋まっているので、注意深くさがしてください。

[へびつかい座] さそり座の上の方向がすっぽりと開いているような領域に、この星座があります。1等星から3等星で大きめな五角形を作っています。その底辺の星のつながりを左右に伸ばすと、右側がへび座の頭部で左手

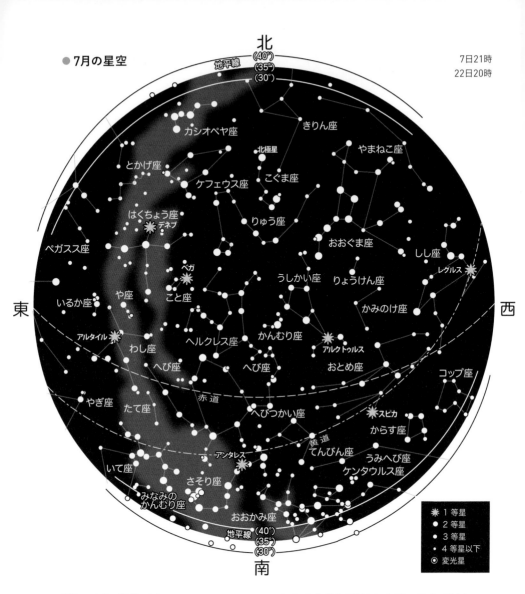

● 7月の星空

北

地平線 (40°)(35°)(30°)

カシオペヤ座　きりん座

とかげ座　北極星　やまねこ座

ケフェウス座　こぐま座

はくちょう座　りゅう座　おおぐま座　しし座

デネブ　レグルス

ペガスス座　ベガ　うしかい座　りょうけん座

や座　こと座　かみのけ座

いるか座　ヘルクレス座　かんむり座　アルクトゥルス

アルタイル　わし座　へび座　へび座　おとめ座　コップ座

東　　　　　　　　　　　　　　　　　　　　　　　**西**

赤道　スピカ

やぎ座　たて座　へびつかい座　からす座

黄道　てんびん座　うみへび座

アンタレス　ケンタウルス座

いて座　さそり座

みなみの
かんむり座　おおかみ座

地平線 (40°)(35°)(30°)

南

✳	1 等星
●	2 等星
●	3 等星
·	4 等星以下
◉	変光星

がしっぽの部分です。

　[うしかい座]　春と夏の境目の星座です。アルクトゥルスを中心にこん棒のような星の並びです

　[かんむり座]　半円形に並んだ星座です。隣の星座のヘルクレスがかぶる

ものののように感じますが、そうではなく、別々のギリシャ神話が伝えられています。

　[ヘルクレス座]　頭文字のHを形の星の並びを目じるしにさがします。

7月の東の空

星がよく見える空のきれいな場所で眺めると、夏の天の川が、北の空から南の空に向かって横たわって見えています。目に飛び込んでくるのは、こと座の1等星ベガ、はくちょう座の1等星デネブ、そしてわし座の1等星のアルタイルで形づくる三角形です。この三角形は"夏の大三角"とよばれています。ベガが七夕の織女星（織姫星）、アルタイルが牽牛星（彦星）です。

はくちょう座とわし座の間には、や座、こぎつね座、いるか座があります。

はくちょう座のアルビレオとわし座のアルタイルの中間のあたりにある、4個の暗めの星でできた小さな矢のような星の並びが、や座です。その矢はペガスス座を指しているようにも見えます。

はくちょう座のくちばしにあたるアルビレオの近くから、はくちょう座の下側の翼の先端に向かって星の並びが連なっているのが、こぎつね座です。

いるか座は、わし座のアルタイルの左下にある、とても小さな星座です。小さなひし形の星の並びが目じるしです。

いるか座の下、いるか座と並んで、3個の星で作る小さな三角形が目じるしのこうま座が見えています。こうま座は、みなみじゅうじ座に次いで全天で二番目に小さな星座です。

● **夏の大三角**　こと座のベガ、わし座のアルタイル、はくちょう座のデネブの3つの星をつなぎます。

84

7月の東の空

1　2　3　4等以下

かみのけ座

おおぐま座

アルクトゥルス

うしかい座

かんむり座

へび座

M13　ヘルクレス座

りゅう座

へびつかい座

ベガ　こと座

ケフェウス座

へび座

デネブ　　　　　　　　や座　わし座

はくちょう座　こぎつね座　アルタイル　たて座

とかげ座

いるか座

いて座

こうま座

ペガスス座

やぎ座

みずがめ座

北東　　　　　　　東　　　　　　南東 35°

85

7月の南の空

南の空に赤い星、さそり座の1等星アンタレスが輝いています。さそり座を見つけるには、アルファベットのSのような星の並びをさがします。南の空低い位置にある星座なので、南の空が開けた場所でさがしましょう。

てんびん座は、さそり座の頭の右上、アンタレスとおとめ座の1等星スピカの間に、への字のような星の並びが目じるしです。

てんびん座とさそり座の下には、おおかみ座とケンタウルス座が見えています。低空で、全体は見えず、しかも複雑な星のつなぎなので、星図と見くらべながらじっくり星をつないでみてください。

さそり座とてんびん座の上には、へびつかい座とへび座が見えています。へびつかい座は五角形の形をしています。将棋の駒を想像すると見つけやすいでしょう。この五角形の頂点には2等星のラス・アルハゲが輝いています。へび座はへびつかい座を中央に挟み、東と西に分かれています。

さそり座の東（右）、南東の地平線の近くに、いて座が見えています。さそり座といて座のあたりは、天の川の濃い部分です。空の暗い星のよく見える場所では、はっきりと天の川の姿を見ることができます。

● さそり座と天の川

7月の南の空

‖ · · ·
1 2 3 4等以下

りゅう座

こと座
ベガ

ヘルクレス座

M13

かんむり座

うしかい座

ラス・アルハゲ

へび座

へびつかい座

アルクトゥルス

へび座

てんびん座

おとめ座

たて座

M20
M8

アンタレス
さそり座

M4

スピカ

うみへび座

いて座

じょうぎ座

ケンタウルス座

43°

みなみの
かんむり座

さいだん座

35°

ぼうえん
きょう座

おおかみ座

27°

南東

南

リギル・ケンタウルス

南西

87

7月の西の空

北斗七星の柄の部分からうしかい座の1等星アルクトゥルス、おとめ座のスピカへとたどるカーブをさらに伸ばすと、ゆがんだ台形のからす座が南西の空低くに見つかります。からす座は、しし座の後ろ足の星の並びをそのまま延長して見つけるのもよいでしょう。

アルクトゥルスの上には、半球状の星の並びをしたかんむり座が見えています。小さいですが形が整った、見つけやすい星座です。

うしかい座とおおぐま座の間には、2つの星を直線で結んだりょうけん座と、小さな三角形の星の固まりが目じるしのかみのけ座が見えています。

頭上高くには、大きな球状星団M13のあるヘルクレス座が見えています。M13は夜空の暗い場所でなら、肉眼で確認できるかもしれません。

春の大曲線でたどることができる星座たちも西へ傾き、夏の星たちが多くなってきました。夜の時間の短い時期なので、なおさら星空から季節の移り変わりを感じるかもしれません。

● 1等星の色

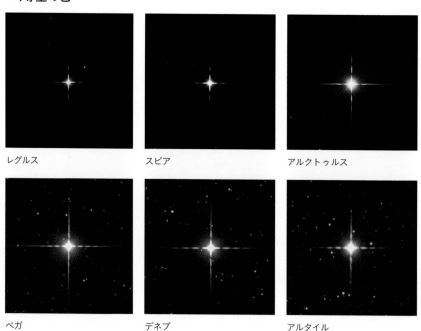

レグルス

スピア

アルクトゥルス

ベガ

デネブ

アルタイル

7月の西の空

1 2 3 4等以下

こぎつね座

わし座　　や座

はくちょう座

こと座

ベガ

へびつかい座

ヘルクレス座

M13

りゅう座

かんむり座

うしかい座

へび座

アルクトゥルス

りょうけん座

かみのけ座

おおぐま座

おとめ座

スピカ

からす座

こじし座

コップ座

しし座

やまねこ座

うみへび座

レグルス

南西　　　　　　　　西　　　　　　　　北西 35°

89

7月の北の空

宵の空では、高い位置にヘルクレス座が見えています。そのヘルクレス座と北極星の間、ヘルクレス座の足元に、曲がりくねったりゅう座が見えています。

きりん座は、北極星の真下の北の低空に見えています。北海道など緯度が高い地域では、地平線下に沈まない周極星座になります。

カシオペヤ座、ケフェウス座が北東の空から徐々に空高く昇ってきています。

おおぐま座の北斗七星は、柄の部分を上に向けて立つように見えています。柄の先から2つめにある、ミザールとアルコルも空高く、見やすくなっています。古くは視力検査に使われていたというミザールとアルコルが肉眼で2つの星に分離して見ることができるか、挑戦してみてください。

天体望遠鏡でこの星をのぞくと、ミザールはさらに2つの星に分離して見えます。このような星を二重星といいます。はくちょう座のくちばしの部分にあるアルビレオも、青色とオレンジ色の星でできた美しい二重星として知られています。

ζ星アルコル

● おおぐま座ζ星ミザールと80番星アルコル

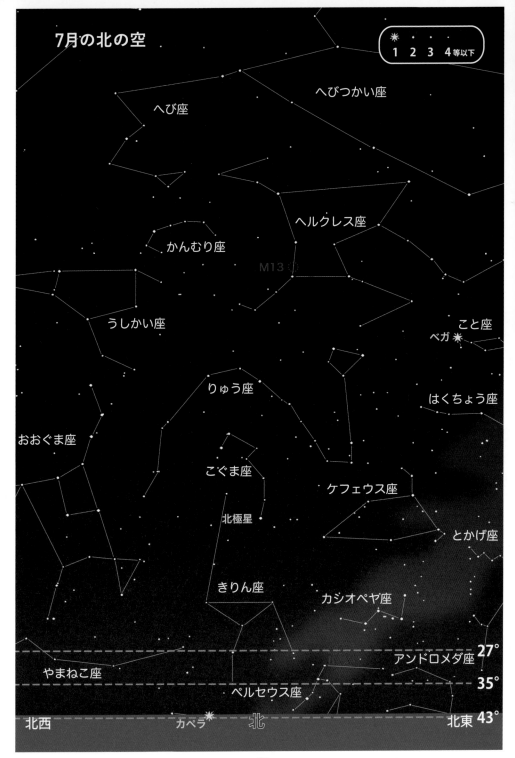

7月の北の空

1　2　3　4等以下

へびつかい座

へび座

ヘルクレス座

かんむり座

M13

うしかい座

こと座

ベガ

りゅう座

はくちょう座

おおぐま座

こぐま座

ケフェウス座

北極星

とかげ座

きりん座

カシオペヤ座

27°

アンドロメダ座

やまねこ座

35°

ペルセウス座

北西　　　カペラ　　北　　　　　　　北東　43°

91

8月の星空

旧七夕のころになると、さそり座が少しずつ西の空に移り、それを追いかけ、いて座が昇ってきます。さそりのしっぽ付近は南に低いため、北の地方に住んでいる方は南がよく開けた場所でさがしてみてください。

いて座の目じるしは南斗六星です。北の北斗七星に対して、こちらは6つの星で形づくる小さなひしゃくです。いて座付近は天の川のもっとも明るい場所で、私たちの銀河系の中心方向にあたっています。

立ち上る天の川は、たて座を通って、こと座のベガ、わし座のアルタイル、はくちょう座のデネブで形づくる夏の大三角の間を抜けます。七夕伝説に出てくる織女星（織姫）はこと座のベガ。わし座のアルタイルは彦星（牽牛）です。

天の川はさらに北東のカシオペヤ座を通り、地平線へと続いています。

頭上に輝いている星は、こと座のベガとはくちょう座のデネブです。はくちょう座の形は十字の形をしているので「北十字」ともよばれています。

［こと座］　こと座の1等星ベガは青白い星で、この輝き方はおおいぬ座のシリウスとほぼ同じような色をしています。頭上のあたりで明るく輝く星を見つけたら、間違いなくベガです。

［わし座］　こと座の右下には、白く輝くわし座の1等星アルタイルが見えています。アルタイルの両側に3等星の星がほぼ直線に並んでいるのでわかります。アルタイルを中心として四方に伸びる暗い星を星図と見くらべながらさがしてみましょう。

［はくちょう座］　南半球では、南十字星（みなみじゅうじ座）に対し「北十字星」といわれ、1等星のデネブと頭部にあるアルビレオ、そして直角方向の翼に相当する星の並びが北十字になります。はくちょう座も見つけ出しやすい星座です。

［いるか座］　東側の空に夏の大三角が確認できたならば、はくちょう座のすぐ脇を注目してください。小さなひし形の星の並びが見つかります。そこから1個の星が飛び出したかのように光っています。これがまるでジャンプ

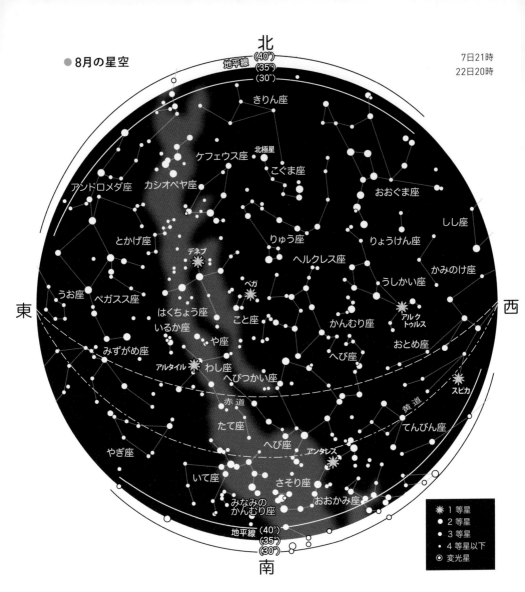

● 8月の星空

北
(40°)
地平線 (35°)
(30°)

きりん座

ケフェウス座
北極星
こぐま座
おおぐま座

アンドロメダ座
カシオペヤ座
しし座

とかげ座
りゅう座
りょうけん座

デネブ
ヘルクレス座
かみのけ座

うお座
ペガ
うしかい座

ペガスス座
はくちょう座
こと座
かんむり座
アルクトゥルス

いるか座
や座
おとめ座

みずがめ座
へび座

アルタイル
わし座
へびつかい座
スピカ

赤道
黄道

たて座
てんびん座

へび座

やぎ座
アンタレス

いて座
さそり座
おおかみ座

みなみの
かんむり座

地平線 (40°)
(35°)
(30°)

南

✳	1 等星
●	2 等星
●	3 等星
・	4 等星以下
◎	変光星

東

西

しているような姿のイルカの体と尾に
あたります。小さいながら、形も整っ
たかわいい星座です。

　［おおぐま座］　この季節になると頭
から南西の空低く地面に沈んでいく格
好になります。

　［カシオペヤ座］　北東の空にある、
アルファベットのＷ字形の星の並び
がカシオペヤ座です。北極星をさがす
際の目じるしとなる星座です。カシオ
ペヤ座と北斗七星の中間あたりに輝く
明るめの星が北極星です。

93

8月の東の空

東の空にペガスス座が昇ってきました。ペガスス座の4つの星で形づくる四辺形は"秋の四辺形"とよばれています。この四辺形は、ほかの星座をさがすときに目安になるので、この星の並びはかならず覚えておきましょう。四辺形の左上の星から連なる星の並びが脚に、右上の星から連なる星の並びがペガススの頭に相当します。ペガススはひっくり返った状態で、東の地平線から昇ってきます。

ペガスス座の足元、はくちょう座のデネブの右下のあたりに、とかげ座が見えています。暗い星がジグザグに並んでいます。慣れてきたらさがしてみましょう。

一方、ペガスス座の頭の上には、小さな星座、こうま座が見えています。こちらも、とても小さな星座なので、じっくりさがしてみましょう。

頭の上の天頂付近で明るく輝いている星は、こと座の1等星ベガです。その右下で輝いているのは、はくちょう座の1等星のデネブです。星の並びで大きな十字の形を作っているのが、はくちょう座です。このはくちょうは、南の空に向かって飛んでいるような姿をしています。

デネブから南（左）の方角に明るく輝く星は、わし座の1等星アルタイルです。夏の大三角は頭上高くにあり、天空で大きな存在感を示しています。その夏の大三角を横切るように天の川が流れています。

● 夏の天の川

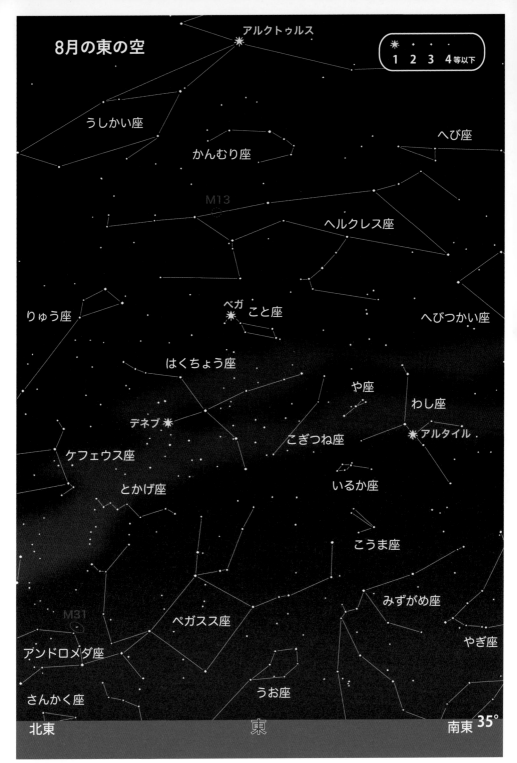

8月の東の空

アルクトゥルス

1 2 3 4等以下

うしかい座

かんむり座

へび座

M13

ヘルクレス座

りゅう座

ベガ こと座

へびつかい座

はくちょう座

や座

わし座

デネブ

こぎつね座

アルタイル

ケフェウス座

とかげ座

いるか座

こうま座

みずがめ座

ペガスス座

やぎ座

アンドロメダ座

M31

さんかく座

うお座

北東

東

南東 35°

8月の南の空

南西の空低く、赤く輝く1等星のアンタレスを頼りに、S字の星の並びしたさそり座が見つかります。

そのさそりの東（左）、ちょうど南の方角の低空にいて座が見えています。いて座には、おおぐま座の北斗七星に似た、6つの星でひしゃくのような形をした南斗六星があり、これがいて座をさがす目じるしになります。

たて座はいて座の北（上）に見えていますが、暗い星で形づくられていま

すので、見つけ出すのは慣れるまではむずかしいでしょう。

いて座の南（下）には、みなみのかんむり座が見えています。7つの星が丸く、Cの字のように並んでいるので、思いのほか見つけやすい星座です。

頭の真上、天頂のあたりには、こと座の1等星ベガが見えています。ベガによりそうように小さな四辺形が見えますが、これがこと座です。

ベガの右下、南東の空高いところに見えているのは、わし座の1等星アルタイルです。この星を含んだ明るい3つの星の並びを見つけましょう。これがわし座を見つける目じるしです。

月明りや街明かりがない暗い夜空では、天の川が、夏の大三角の真ん中を貫いて見えます。はくちょう座の白鳥は天の川の真ん中をさそり座の方向に向かって飛んでいる様子がうかがえます。はくちょう座からわし座付近で二股に分かれている様子にも注目です。銀河の中心方向のいて座やさそり座付近に差しかかるあたりの、たて座付近は天の川が一番濃いところです。

● いて座

96

8月の南の空

1 2 3 4等以下

ケフェウス座
りゅう座

デネブ
はくちょう座
ベガ
こと座
ヘルクレス座
M13

こぎつね座

や座
わし座
アルタイル
いるか座
へび座
へびつかい座
へび座

たて座

M20
M8
てんびん座

やぎ座
いて座
アンタレス M4
さそり座
みなみの
かんむり座

けんびきょう座
ぼうえん
きょう座
じょうぎ座
おおかみ座
43°

35°

さいだん座

南東
南
南西 27°

8月の西の空

頭上には夏の大三角が我が物顔で輝いています。この大三角を作る星の一つ、ベガの下の方向にはヘルクレス座の雄姿があります。Hの文字を倒したような星の並びが目印です。ここがヘルクレスの胴体です。左側が頭の部分で、右側に両足が出ています。

ヘルクレス座の下側には半円形の星の並びのかんむり座があります。みなみのかんむり座ほど密集はしていませんが、この並びははっきりわかります。

オレンジ色の明るい1等星は、うしかい座のアルクトゥルスです。頭上に差し

かかった6月ごろには「麦刈り星」といわれ、農事の神さまとあがめたてられていたそうです。秋の時期にはその役割も終りひっそりと西の空に光っています。

うしかい座は右上のあたりが牛飼いの頭です。右下に猟犬2頭を引き連れている姿です。北斗七星の柄の先端の星から直角方向に、このりょうけん座を見つけることができます。

りょうけん座の左隣のかみのけ座は、さがす目じるしがあまりなく、しし座のしっぽの方向というのがわかりやすい説明です。ただしかみのけ座の高度が低くなってからでは、さがすのがむずかしくなります。

南西の空には、黄道12星座の一つ、てんびん座が見えますが、宵の早い時刻でないとあっという間に地平線に沈んでしまいます。4個の星を目指して探してください。

てんびん座の上にはへびつかい座があります。大きな円形あるいは、七角形のような星の並びをさがしてください。両腕に絡ませたへびは、へびつかい座に分断されています。へびつかいの左手の方向に、ヘルクレスの足元までおよぶへび座の頭部がのびています。

● **アルクトゥルスとかんむり座**

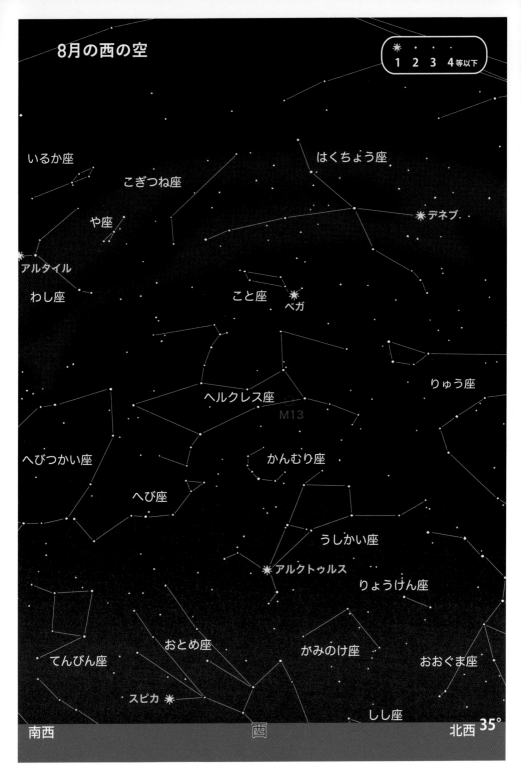

8月の西の空

1　2　3　4等以下

いるか座

こぎつね座

はくちょう座

デネブ

や座

アルタイル

こと座

ベガ

わし座

りゅう座

ヘルクレス座

M13

へびつかい座

かんむり座

へび座

うしかい座

アルクトゥルス

りょうけん座

おとめ座

かみのけ座

てんびん座

おおぐま座

スピカ

しし座

南西

西

北西 **35°**

8月の北の空

　まず北極星をさがしましょう。夏の大三角から北極星をさがす方法があります。夏の大三角に、もう一つの三角形を合わせて大きなひし形を作ります。そうするとハンググライダーのような形になります。その先端のあたりに北極星が見つかります。

　カシオペヤ座から北極星をさがす場合は、W字形の星の並びの両端の星の並びの狭い方に星座の線をのばし、その交差する点からカシオペヤ座の中央の星を通るように線をのばします。その交差する点と中央までの間隔の5倍のところに北極星があります。

　そしてもう一つは、北斗七星からさがす方法です。この北斗七星の並びは"大びしゃく"という神社などで手を清めるときに使うひしゃくの形です。柄の先端から数えて6番目と7番目の星の間隔を水がこぼれ落ちる側の方向に5倍のばします。

　北極星をさがすとき、カシオペヤ座は広がり方向に、北斗七星からは水がこぼれ落ちる方向という2つのポイントを覚えておきましょう。

　北極星の上、こと座のベガまでは行かないところに、小さな四角形の星の並びがあります。ここがりゅう座の頭です。ここから右下に星の並びに沿って進み、Uターンをして左側に大きくカーブしながら、おおぐま座の方向へ進みます。星の連なりは星図と実際の星空をじっくり見くらべながら、さがしましょう。

● ペルセウス座の二重星団

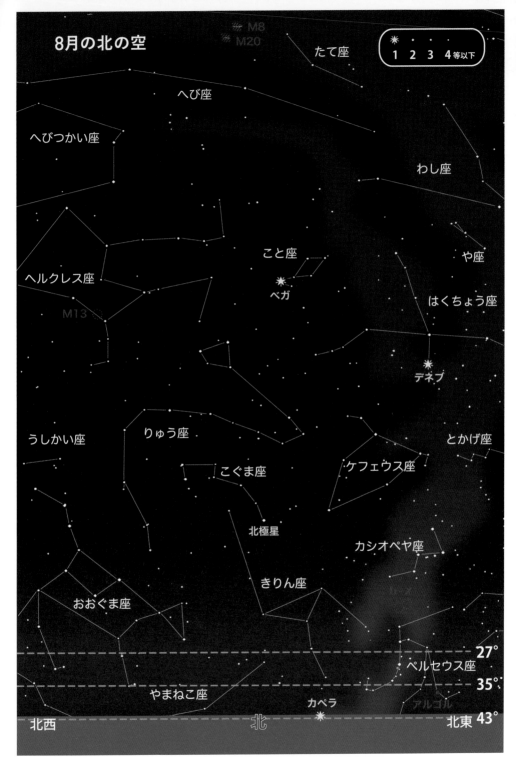

8月の北の空

たて座

M8
M20

へび座

へびつかい座

わし座

や座

こと座

はくちょう座

ベガ

ヘルクレス座

M13

デネブ

うしかい座

りゅう座

とかげ座

こぐま座

ケフェウス座

北極星

カシオペヤ座

きりん座

おおぐま座

27°

ペルセウス座

35°

やまねこ座

カペラ

アルゴル

北西　　　　　　　　　北　　　　　　　北東 43°

1 2 3 4等以下

9月の星空

秋になると大気が澄んできます。星空観望にはよい時期です。中秋の名月などで、夜空を仰ぐ人の多い時季でもあります。

天頂近く、明るい3つ星で作る三角形は夏の大三角です。この夏の大三角が、宵の時刻に南中するのは夏を過ぎた9月のころです。

はくちょう座のすぐ東よりにある、4つの小さなひし形の星の並びが、いるか座です。周辺には、や座、こうま座といった小星座たちの姿もあります。

北東の空を見上げると、ケフェウス座やカシオペヤ座、アンドロメダ座が見えています。

[さそり座] 西の低い空に横たわるように見えていますので、早めの時間でなければ全体の姿を見ることができません。

[いて座] さそり座の左（東）、南斗六星をさがし出して、いて座全体を見つけてください。南西の低空ですから天の川は見えにくくなりますが、星座を形どる星ぼしが目立っています。

[たて座] いて座の上のあたりに位置しますが、目じるしになる星が少ないので、星図が頼りです。空の良い場所では、天の川が濃く見えるあたりに、この星座があります。

[わし座] 夏の大三角の南側の部分に1等星のアルタイルがあります。この星を中心にして四方に星が配置されています。アルタイルの両脇に、抱えるように3等星があります。

[ヘルクレス座] 天の川から左に外れた位置に、アルファベットのH字型の星の並びが目印です。ヘルクレス座にはM13という球状星団があります。双眼鏡ではその存在がわかります。

[やぎ座] やぎ座は黄道12星座の一つですが、にぎやかな天の川沿いの星座から離れるようにポツンとある静かな星座です。こと座のベガからわし座のアルタイルを延長した位置にあります。

[みずがめ座] みずがめ座も黄道12星座に含まれる星座ですが、明るい星が少ないので星図などを頼りにさがします。

[ケフェウス座] ケフェウス座は北

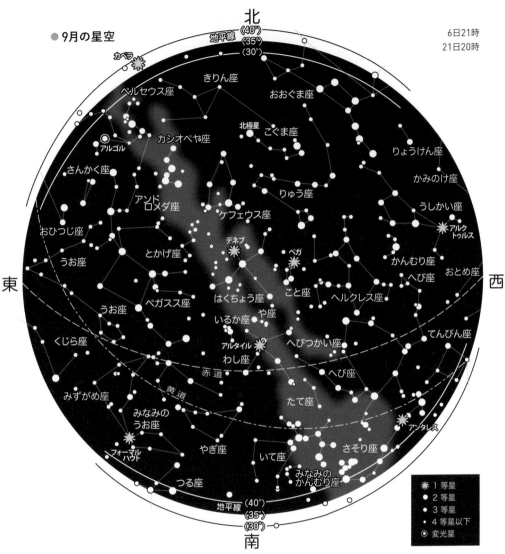

● 9月の星空

北
(40°)
地平線 (35°)
(30°)
カペラ
ペルセウス座
きりん座
おおぐま座
アルゴル
カシオペヤ座
北極星
こぐま座
りょうけん座
さんかく座
かみのけ座
アンド
ロメダ座
ケフェウス座
りゅう座
うしかい座
おひつじ座
アルク
トゥルス
デネブ
とかげ座
ペガ
かんむり座
おとめ座
うお座
へび座
はくちょう座
こと座
ヘルクレス座
東
ペガスス座
や座
西
うお座
いるか座
くじら座
てんびん座
アルタイル
へびつかい座
わし座
赤道
へび座
みずがめ座
黄道
たて座
みなみの
うお座
アンタレス
フォーマル
ハウト
やぎ座
いて座
さそり座
みなみの
かんむり座
つる座
地平線 (40°)
(35°)
(30°)
南

1 等星
2 等星
3 等星
4 等星以下
変光星

極星に近い位置にあるので、一年中ほとんどの季節で見える星座の一つです。五角形が少し縦長に伸びたような姿です。明るい星はありませんが、周りに明るい星がないので簡単に見つけることができます。

［ペガスス座］　ペガススの四辺形の東側の角の星は、お隣のアンドロメダ座の星でもあります。

［アンドロメダ座］　ペガススの四辺形の南東側の星から、アルファベットのＡの字の星の並びをさがします。

9月の東の空

天空も秋めいてきました。秋の代表星座が続々登場します。東の空には秋の四辺形ペガスス座が中天高く見えます。四辺形を立てかけた状態です。ペガススは天を駆ける白馬の姿です。右角の星から白馬の大きな頭が出て、左上の星から右手上の方向に星が飛び出しています。逆立ち状態で昇ってきます。この星座と左隣のアンドロメダ座は一体のものと考えてください。右図で四辺形の左側の星はアンドロメダ座のα星で、お互いに都合よく使っているのです。この星がアンドロメダの頭の部分で、ここから左側に足に当たる星の並びが上下に2本出ています。この右足の部分に有名なアンドロメダ銀河（M31）があります。右図で楕円形状に記載されいるのがこの星雲です。光害のない暗い空であれば、肉眼でも見える場合があります。

織女星、こと座の1等星のベガは左上に見える星で、右側に見える明るい星はわし座の1等星アルタイルです。アルタイルは、七夕伝説に出てくる彦星です。この2つの星の実際の距離は16光年といいますから、年に一度の対面は無理かもしれません。

夏の大三角のもう一つの星は、はくちょう座のデネブです。この星ははくちょうの尾ですので、右側の星を起点に十字を描くことができます。十字の星の並びが、南半球の南十字に対して北十字とよばれています。

● ペガスス座

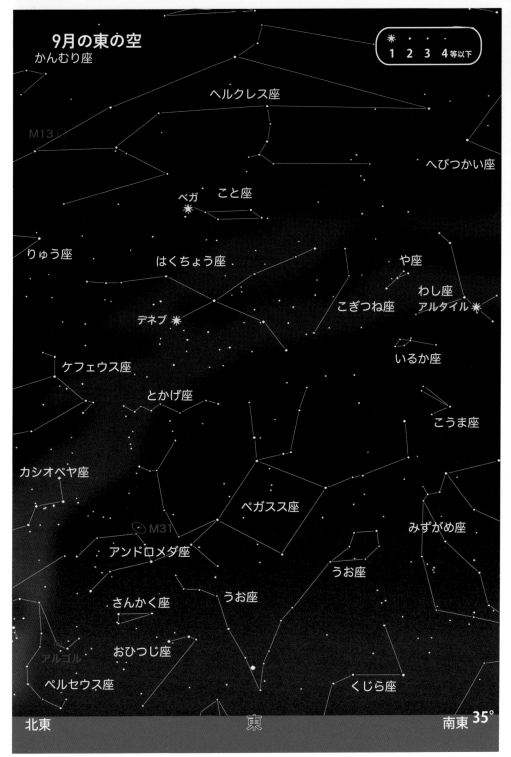

9月の東の空

かんむり座

☀ · · ·
1 2 3 4 等以下

ヘルクレス座

M13

へびつかい座

ベガ　こと座

りゅう座

はくちょう座

や座

こぎつね座

わし座
アルタイル ☀

デネブ ☀

ケフェウス座

いるか座

とかげ座

こうま座

カシオペヤ座

ペガスス座

みずがめ座

M31

アンドロメダ座

うお座

さんかく座

うお座

おひつじ座

アルゴル

くじら座

ペルセウス座

北東　　　　　　　　東　　　　　　　南東 **35°**

105

9月の南の空

やぎ座をさがしてみましょう。真南の方向の中天高いところに逆三角形の星の並びがあります。この星の並びの右手の少々明るい星のあたりが頭になり、左はしっぽの部分です。

やぎ座の右にはいて座があります。いて座の目じるしとなる南斗六星をさがすのがよいでしょう。目標はその左下のきれいに半円形に並んでいるみなみのかんむり座です。これだけ密集した星の並びはこの付近で見かけませんので判別しやすいです。この星座の高さで左手に移動すると、やぎ座の下にけんびきょう座があります。淡い星ばかりの星座ですから注意深くさがしましょう。

けんびきょう座の左側にはつる座が

あります。つる座の星の並びは、はくちょう座にも似たような並びですので、比較的見つけやすい星座です。

南東の星の少ない空に、ぽつんと明るい星が一つ見えています。みなみのうお座のフォーマルハウトです。ここから右が魚の体の部分です。左側をさかのぼるように、星を上にたどるとみずがめ座にたどりつきます。

頭上には夏の大三角が見えます。明るい星の並びからそれぞれの星座がわかります。左上の1等星がはくちょう座のデネブ、その右下に見える1等星が、こと座のベガです。そして2星より下側に見える1等星がわし座のアルタイルです。はくちょう座は天の川の真ん中を飛んでいるように見えます。天の川は、さそり座といて座の方向に流れています。

● やぎ座

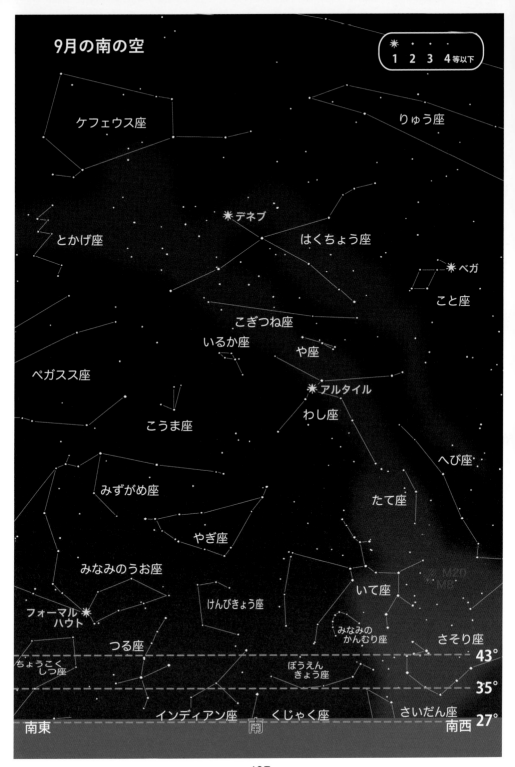

9月の南の空

☀ ・ ・ ・
1 2 3 4等以下

ケフェウス座

りゅう座

とかげ座

☀デネブ

はくちょう座

☀ベガ

こと座

こぎつね座

いるか座

や座

ペガスス座

☀アルタイル

わし座

こうま座

へび座

みずがめ座

たて座

やぎ座

みなみのうお座

けんびきょう座

いて座

M20
M8

フォーマル
ハウト

つる座

みなみの
かんむり座

さそり座

43°

ちょうこく
しつ座

ぼうえん
きょう座

35°

インディアン座

くじゃく座

さいだん座

27°

南東

南

南西

9月の西の空

夏の大三角がほぼ頭上に見えます。左は1等星のわし座のアルタイル、右上は、はくちょう座のデネブ、そして右下がこと座の1等星ベガです。この付近は天の川が流れています。天の川の姿をよく見るためには、月明かりと街明かりの影響がないことが大切です。条件に合う場所、タイミングで天の川を眺めてみましょう。少しでも明かりがあると天の川は見えづらくなってしまいます。その天の川の左下のあたり、いっそう濃く見える場所には、たて座があります。

へびつかい座は大きめの五角形の星の並びを目じるしにします。両腕に抱えている右側のへび座の頭部と左側のしっぽの部分も、確認しましょう。へび座は、へびつかい座で真っ二つに分断されてはいますが、立派な一つの星座です。

ヘルクレス座は、こと座の下に見えています。この星座も全体像をつかむのがむずかしいのですが、横倒しになったアルファベットのHの字のような星の並びをさがしましょう。ヘルクレス座には、北半球で見える球状星団の代表格M13があります。その近くには、半円形の星の並びのかんむり座があります。特徴のある並びなので、ひと目でわかります。

● ヘルクレス座

9月の西の空

☀ · · ·
1 2 3 4等以下

ペガスス座

アンドロメダ座

とかげ座

デネブ

ケフェウス座

こぎつね座

いるか座

や座

はくちょう座

こと座

アルタイル

ベガ

わし座

りゅう座

へび座

ヘルクレス座

M13

たて座

かんむり座

おおぐま座

へびつかい座

へび座

うしかい座

りょうけん座

アンタレス

てんびん座

アルクトゥルス

かみのけ座

さそり座

M4

おとめ座

南西   西   北西 **35°**

109

9月の北の空

　宵の西空には夏の星座と天の川が見えています。北の空を向いても存在感のある夏の大三角は目にとまります。この夏の大三角を使って北極星をさがすこともできます。夏の大三角に、もう一つの三角形を付け加えて、大きなひし形を作ります。どちらかといえばハンググライダーのような形でしょうか。この先端のあたりにある星が北極星です。

　北極星からすぐ下には、きりん座が見えています。きりん座の体の部分は三角形の形に星が並んでいます。その三角形の星の並びから、長い前足と後ろ足が出ています。

　北極星のあるこぐま座を包んでいるようにも見える、りゅう座をさがします。頭の部分はヘルクレス座のあたりから、うねうねと大きくカーブしています。暗い星が多いので、星図を見ながら星の並びをたどりましょう。

　りゅう座のしっぽから4番目の星の名はツバーンです。ツバーンは、古代エジプトのころ、日本では縄文時代の5千年ほど前は、この星が北極星の役目をしていました。

● ペルセウス座

9月の北の空

1 2 3 4 等以下

みずがめ座

わし座
アルタイル

いるか座

こうま座

や座

こぎつね座

ペガスス座

こと座

はくちょう座

ベガ

デネブ

とかげ座

ケフェウス座

ヘルクレス座

アンドロメダ座

カシオペヤ座

りゅう座

h χ

こぐま座

北極星

うしかい座

きりん座

ペルセウス座

おおぐま座

りょうけん座

27°

やまねこ座

カペラ

35°

ぎょしゃ座

北西

北

北東 43°

10月の星空

秋の星座で夜空が彩られるようになってきました。空の高い位置に見える秋の四辺形は、ペガススの四辺形ともよばれています。この目立つ4つの星の並びを覚えておいて目じるしにすると、秋の星座をさがすのが楽になります。

アンドロメダ座を見つけるのは簡単です。この四辺形の一つの星がアンドロメダ座で、ペガスス座とつながっています。アンドロメダ座の北にはカシオペヤ座が、その隣にはケフェウス座があります。そして、ペガススの四辺形のすぐ南には、みなみのうお座の1等星フォーマルハウトがあります。

はくちょう座、こと座は、西の空で見えています。はくちょう座の尾にあたる1等星デネブや、こと座のベガは、星座をさがす目じるしになります。

[ペガスス座] 北東の空高く、四角形の形の星の並びは、ペガススの四辺形です。ペガススの胴体にあたります。その右下の星から、さらに右側に4個星があります。ここがペガススの頭の部分です。ひっくり返った姿で見えて

います。

[アンドロメダ座] ペガスス座の左上の星はアンドロメダ座のもので、そこから4個、ほぼ直線的に並んでいます。その先端方向はペルセウス座になります。3番目の星をカシオペヤ座側に少々移動すると、肉眼でアンドロメダ大星雲M31が見えます（よほど条件の良い場所でのことですが）。双眼鏡では確認できます。

[りゅう座] 北側に向いて北極星を確認したら、その左上にあたりに、りゅう座の頭の部分の星の集まりが確認できます。尾は下の方にうねりくねっています。こぐま座を抱え込むようなうねり方です。

[みなみのうお座] 南の空の低空には目立って明るい星がありません。ただポツンと白い1等星のフォーマルハウトが輝いています。このフォーマルハウトが、みなみのうお座を見つける目じるしとなります。みなみのうお座は左向きの魚の姿で、フォーマルハウトは魚の口にあたります。

[みずがめ座] ペガスス座の右下の

北
地平線 (40°) (35°) (30°)

おおぐま座
こぐま座
北極星
きりん座
りゅう座
うしかい座
ぎょしゃ座
カペラ
ケフェウス座
かんむり座
ペルセウス座
カシオペヤ座
ベガ
ヘルクレス座
アルゴル
アンドロメダ座
デネブ
こと座
すばる
さんかく座
とかげ座
アルデバラン
おひつじ座
はくちょう座
わし座
へびつかい座
おうし座
うお座
や座
アルタイル
へび座
ペガスス座
いるか座
ミラ
黄道
赤道
たて座
くじら座
みずがめ座
ちょうこくしつ座
みなみのうお座
やぎ座
いて座
フォーマルハウト
つる座
みなみのかんむり座

東
西

✳ 1等星
○ 2等星
○ 3等星
・ 4等星以下
◎ 変光星

(40°) (35°) (30°)
地平線
南

あたり、わし座のアルタイルの左下あたりにあるアルファベットのYの字の形の星の並びが、みずがめ座の目印です。水瓶から勢いよく流れ出て、みなみのうお座のフォーマルハウトまで流れ出たイメージです。右下のやぎ座の上まで星座が伸びています。

　[やぎ座]　みずがめ座の南側に逆三角形に星が並んだ形で全体的に淡い星ぼしですから注意深くさがし出しましょう。右側の頭の部分の星と左側のしっぽの星が少々明るいです。

10月の東の空

アンドロメダ座をさがしてみましょう。まず、秋の四辺形のペガスス座を見つけます。空高くに四辺形をした星の並びが見えます。この右上が天馬のペガススの頭の部分が逆立ちした状態です。四辺形の右上の星から前足が2本、上向きで出ています。

ところで、この秋の四辺形の4つの星のうち、1つの星はペガスス座ではなく、アンドロメダ座に属しています。ここから点々と4個の星が左下にのびていて、その星の並びは足に相当します。また2個目の星からは右足がのびています。

アンドロメダ座には、有名なアンドロメダ銀河（M31）があります。光害のない天の川がしっかり見るような場所では、アンドロメダ銀河は肉眼でも見えることがわかります。星座さがしの途中でアンドロメダ銀河が肉眼で見えるか試してください。

秋の四辺形の下側には、この四辺形を包むように、うお座があります。右側の魚と左側の魚を長いリボンで結んでいる姿です。リボンの部分はV字状の星の並びになっていますので、注意深くさがしてください。

さらに東の空からは、くじら座が昇ってきます。

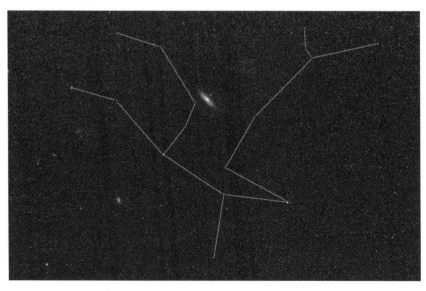

● アンドロメダ座

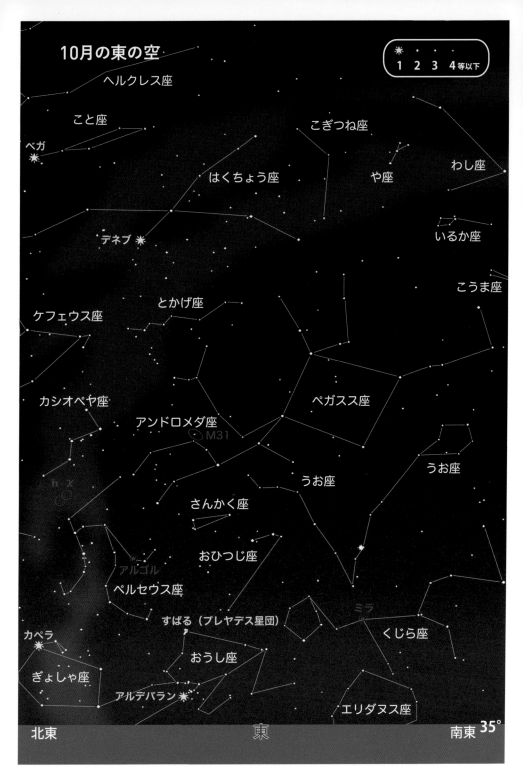

10月の南の空

黄道12星座のみずがめ座は大きな星座です。アルファベットのYの字の形をした4個の星の並びをさがします。ここから下の方向に2本、星の配列が体の部分になり、みずがめの口からは下の方向にポツンと一つさびしく光る、みなみのうお座のフォーマルハウトまでつながっています。

フォーマルハウトはみなみのうお座の1等星ですが、そのフォーマルハウトの右側に半円形をつぶしたような星の並びがあります。この星の並びが魚の部分です。

その反対方向には、同じような星の並びがありますが、こちらはちょうこくしつ座です。さらに南の空にはつる座やインディアン座、その右手にはけんびきょう座が続きます。南の空の低空ですので、南の地域でないとこれらの星座は確認できないでしょう。

けんびきょう座の上にはっきりと逆三角形状に並んだ星の並びのやぎ座が見つかります。この星座も黄道12星座ですから、ぜひさがしてみましょう。

やぎ座の上のこうま座やいるか座は、はくちょう座からさがすのがよいでしょう。

みずがめ座の左上にはうお座があります。うお座は、ペガススの四辺形からさがすのが比較的簡単です。四辺形の下側、リボンで結ばれた2匹の魚で包み込むように星が並んでいます。不規則な並びですが、円形に並んだ部分が魚の形です。

● みずがめ座

10月の西の空

西の空には見慣れた夏の大三角があります。東の空ではこと座のベガが真っ先に昇ってくるのですが、西の空では、いち早く沈んでいきます。左のアルタアイルは1等星でわし座の星です。ベガは織姫、アルタイルは牽牛としてなじみ深い星です。

はくちょう座のデネブは、はくちょうのしっぽの部分です。左下となる星を起点として十字が描けます。はく

ちょう座のアルビレオは二重星で、オレンジとブルーの対照的な色をしています。

や座は、はくちょうのアルビレオとわし座のアルタイルの中間にある小さな星座です。その右手にはこぎつね座がありますが星の数は多くはないので、星座の星のつなぎはシンプルです。いるか座とこうま座は、とても小さな星座ですから、星図と見くらべながらさがしましょう。ヘルクレス座は、こと座のベガからさがしましょう。

夏の大三角付近の天の川もそろそろシーズンが終わりになります。天の川でとくに見ていただきたいのが、はくちょう座からわし座付近の天の川が暗黒星雲のために二股に分かれている光景です。

秋の四辺形が頭上高くに見えています。東の空では逆さまの状態で見えていたペガス座も、見る方角により正立して天を駆けるペガススの本来の姿で見えます。

● 満月の夜の星空

月明かりがあると暗い星が見えにくくなるので星座さがしは月明の影響の少ないときが適しています

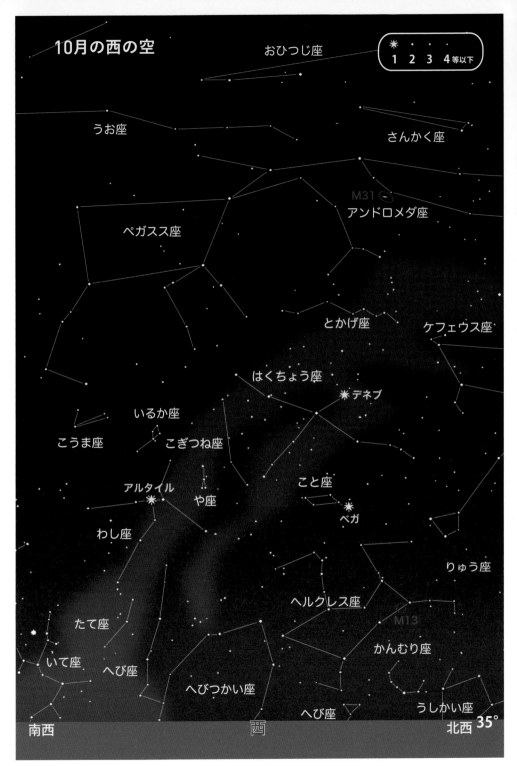

10月の西の空

おひつじ座

1 2 3 4等以下

うお座

さんかく座

M31

アンドロメダ座

ペガスス座

とかげ座

ケフェウス座

はくちょう座

デネブ

いるか座

こぎつね座

こうま座

こと座

アルタイル

や座

ベガ

わし座

りゅう座

ヘルクレス座

M13

たて座

いて座

へび座

かんむり座

へびつかい座

うしかい座

へび座

南西

西

北西 35°

10月の北の空

まずは北極星をさがします。カシオペヤ座を頼りにさがしましょう。北斗七星は北の地平線近くに横たわっているので、カシオペヤ座からさがす方が簡単です。

この時期はW字形というよりも数字の3の字状態です。上下の線を後ろ側に交差するように延長します。その交点と中央の星との間隔を左下に5倍延長すれば北極星となるはずです。延長方向には気をつけましょう。

北斗七星の場合も柄の先の星から数えて6番目と7番目の星の間隔を5倍します。これも大びしゃくから水がこぼれる側へ延長すると覚えます。

(10月中旬の場合)

カシオペヤ座

(夜)

午前1時

午後9時

(明け方)
午前5時

北極星

4時間で60°動く

午後5時
(夕方)

午前9時
(朝)

午前1時
(昼)

北

北極星はこぐま座の小びしゃくの柄の部分の星で2等星です。左手のりゅう座は小びしゃくを取り巻くように見えています。北極星のすぐ下の星から右下に連なる星はきりん座で、三角形の星の並びはきりんの体の部分あたり、そこから前足と後ろ足が出ています。首も長ければ足も長いという姿をしています。

北極星の上にはケフェウス座の五角形が見えています。北極星近くの星が頭で、上の広がった星が足腰にあたります。

ペガスス座は天頂付近で見えています。全体像を見るには天を仰いで、頭は南側の方にふんぞり返らないといけないでしょう。四辺形から前足と頭の部分が正立して見ることができます。

とかげ座は小さな星座ですが、8個の星がジグザグに並んでいます。ケフェウス座を確認したあとに、ケフェウス座を頼りにさがします。とかげは逆立ちの状態です。

● 北の空のカシオペヤ座の動き

カシオペヤ座も、北斗七星同様、一日中、一年中沈むことがありません。北極星を中心に反時計回りに動いています。1時間で15°、4時間で60°動きますから、時計代わりになります。10月中旬の場合、夕方に北東の空に見え、真夜中近くにもっとも高くなり、明け方に北西の空へと移ります。

10月の北の空

☀ ・ ・ ・
1　2　3　4等以下

こうま座

ペガスス座

うお座

こぎつね座

とかげ座

アンドロメダ座

☀デネブ

カシオペヤ座

M31

はくちょう座

h・χ

ケフェウス座

ペルセウス座

りゅう座

こぐま座

北極星

きりん座

カペラ☀

ぎょしゃ座

うしかい座

おおぐま座

やまねこ座

27°

35°

北西

北

北東 43°

121

11月の星空

　夜の時間が長くなり、星空観察ができる時間も長くなりました。星空観察をする際は防寒着を着込んで風邪をひかないようにしましょう。

　天頂高くペガススの四辺形が見えています。四辺形の東側がアンドロメダ座です。アルファベットのＡの字形の星の並びが目じるしです。四辺形のすぐ下、南東の2つの辺にはうお座があります。

　北の空にはペルセウス座と、Ｗ字形の星の並びのカシオペヤ座が昇っています。

　東の空には、オリオン座、おうし座、ぎょしゃ座といった星座がこれから見ごろを迎えます。

　［やぎ座］　やぎ座は早めの時間に見るのがよいでしょう。南西の空低いので、逆三角形の星の並びを見つけるのはむずかしくなります。

　［みずがめ座］　ペガスス座の頭のすぐそばに、小さめのアルファベットのＹ字形の星の並びを見つけてください。水瓶の口の部分に当たり、そこからみなみのうお座のフォーマルハウトまで

水を注いでいる姿です。右手をやぎ座の上の方に向け、水瓶を持つ少年ガニメデスの姿を描いてみてください。

　［うお座］　2匹の魚がリボンで結ばれている姿です。リボンはくじら座のミラ付近まで延びています。2匹の魚はペガスス座の四辺形の南東の星を取り巻くように存在しているので、この四辺形との位置関係を覚えておくと見つけやすいでしょう。

　［おひつじ座］　おひつじ座の星の並びは習字の筆で一の字をはね上げた感じの単純なものです。ペガススの四辺形の左側の星の並びを目安にしても見つけることができます。

　［おうし座］　秋の星座は明るい星が少ないのですが、東を向いたときにかすかに星の集団が見えます。古来から「羽子板星」とか「むつら（六連星）星」などとよばれていたプレヤデス星団（すばる）です。

　もう一つ、アルファベットのＶ字形の星の並びはヒヤデス星団で、おうしの頭の部分です。右目にはオレンジ色の1等星アルデバランが輝いていま

11月の星空

北

地平線 (40°)(35°)(30°)

おおぐま座　こぐま座　北極星　りゅう座　ポルックス　カストル　ふたご座　きりん座　ケフェウス座　ヘルクレス座　ぎょしゃ座　カペラ　ペルセウス座　カシオペヤ座　ベガ　こと座　アンドロメダ座　とかげ座　デネブ　はくちょう座　アルゴル　さんかく座　ベテルギウス　アルデバラン　すばる　オリオン座　おうし座　おひつじ座　や座　わし座　アルタイル　リゲル　ペガスス座　いるか座　うお座　黄道　みずがめ座　たて座　ミラ　赤道　エリダヌス座　くじら座　ちょうこくしつ座　フォーマルハウト　みなみのうお座　やぎ座　ほうおう　つる

地平線 (40°)(35°)(30°)

東　西　南

* 1等星
● 2等星
・ 3等星
・ 4等星以下
◉ 変光星

す。

　［ペルセウス座］　天の川沿いのはくちょう座からカシオペヤ座を通りすぎるとペルセウス座にたどりつきます。

　カシオペヤ座とおうし座のプレヤデス星団（すばる）の中間点の星が何と

なく込み合っているところとして目星をつける方法もあります。

　［ぎょしゃ座］　北東の空、明るいカペラを含んだ、将棋の駒のような形をした星の並びの五角形が目じるしです。

11月の東の空

　東の空を見ると、明るく輝く1等星がいくつか見えます。左手に見えるのはぎょしゃ座のカペラです。ぎょしゃ座は五角形の星の並びが目じるしです。ぎょしゃ座の写真には中央に赤い星雲状の天体が写っていますが、肉眼では見えません。しかし、ぎょしゃ座を貫く天の川は、肉眼でも見ることができます。双眼鏡を使えば、中央部分に散開星団をいくつか見ることができます。ぎょしゃ座は、かわいい子羊を抱いた姿です。

　東の空でもう一つ、オレンジ色に輝く星は、おうし座のアルデバランです。Vサインのような星の並びはヒヤデス星団という、肉眼で観察できる面積の

ある星団です。おうし座の頭の部分でアルデバランは右目にあたります。その上のあたりに、プレヤデス星団（すばる）があります。この星団は、おうしの肩の部分になります。おうし座は、怒った大きな牡牛の姿です。

　東側が開けたところでは、1等星が2個水平に並んだように光り輝いているのが見えます。もう1時間ほどたてば高度も高くなり見やすい位置になります。左側の赤色の星がオリオン座のベテルギウスで、右側はリゲルです。その間にはさまって三ツ星が見えますが、右上の星が真東から真西に沈むことで知られています。つまりは天の赤道上にある3個の星です。

　おうし座のプレヤデス星団（すばる）の右上には、おひつじ座があります。習字の筆で一の字を書いて跳ねあげたような単純な星の並びしかありません。ぎょしゃ座の上には、夏の時期に流星がたくさん飛び交うペルセウス座の姿が見えます。星がたくさん集まったような場所は、この勇者ペルセウスのお腹の部分になります。

　天頂高い位置には、秋の星空の代表的な並びである、ペガススの四辺形が見えています。

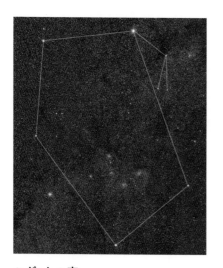

● ぎょしゃ座

11月の東の空

1 2 3 4等以下

こぎつね座

いるか座

はくちょう座

とかげ座

アンドロメダ座

ペガスス座

M31

カシオペヤ座

うお座

うお座

h・χ

ペルセウス座

さんかく座

アルゴル

おひつじ座

ミラ

きりん座

すばる（プレヤデス星団）

くじら座

カペラ

おうし座

アルデバラン

ぎょしゃ座

エリダヌス座

オリオン座

カストル

ふたご座

ベテルギウス

リゲル

M42

うさぎ座

ポルックス

北東

東

南東 35°

11月の南の空

　太陽の通り道となっている黄道に沿った星座は黄道12星座となって、誕生星座として親しまれています。その黄道に沿って星座をさがしてみましょう

　まずはうお座です。うお座は暗い星のつながりですから、注意深くじっくり観察しましょう。単独では見つけにくいので、星図を頼りに、ペガスス座の四辺形から見つけ出すのがよいでしょう。この四辺形の南東側の星を取り囲むように、うお座があります。円形に並んだ星の配列を見つけましょう。これが1匹目の魚です。2匹目の魚とは長いリボンでつながれているので、しっぽから左側に向かって暗めの星をたどります。V字に折れ曲がったあとは、そこから3〜4個目の星あたりが2匹目の魚になります。

　みずがめ座も、明るい星が少ないので、複雑な星の配列をさがすのはとてもたいへんです。ペガススの頭の部分の下にある小さくかたまった4個の星の並びが目安です。4個の星のかたまりは、水瓶の注ぎ口です。右側の星の並びと左側の星の並びは、水瓶から注がれた水の流れです。その星の列の左下に1個だけ目立っている星があります。みなみのうお座のフォーマルハウトです。みずがめの水が到達するこの星は、魚の口にあたります。

　みなみのうお座は、このフォーマルハウトから右側に、魚の姿をイメージしましょう。ただし暗い星ばかりです。

　近くにある、ちょうこくしつ座やほうおう座も暗い星ばかりの星座なので星図を頼りにさがします。エリダヌス座は、オリオン座のリゲルからたどります。さらに南へたどると、ほうおう座の下に輝く1等星アケルナルに行き着きます。アケルナルは、南の空の超低空にあります。カノープスよりも南の星ですが、日本でも南の地域では見ることができます。

● うお座

11月の南の空

11月の西の空

夏の大三角の中で、北側に位置すること座は、まだしばらくの間は見ることができます。はくちょうのしっぽという意味を持つ1等星デネブ、右手にこと座の1等星ベガ、そして、わし座の1等星のアルタイルも見えています。

わし座の左上には、いるか座が水面から飛び上がっているような姿勢で見えます。

いるか座の左上には、こうま座の淡い星の並びがあります。

この方向で目立つのは秋の四辺形、ペガスス座でしょう。左下の角から下

にくの字に折れ曲がったところが天馬の頭の部分です。右角からは2本の前足が出ています。左上の星はというと天馬の胴体は途中からありません。右上の星は隣のアンドロメダ座になります。この星から上方に4個ほどの範囲が、アンドロメダ座になります。アンドロメダ姫の頭がこの星で、右上の4個は左足、そして右足は少々折り曲げた状態で星が並んでいます。この方向から見ると逆立ちしかけた状態になります。腰の下側にはアンドロメダ銀河（M31）があります。

とかげ座は、淡い星がジグザグ状態で並んでいます。アンドロメダの右手の先にこの並びがあります。

おひつじ座は、カタカナのレの字のような星の並びをさがしましょう。M字の星の並びのカシオペヤ座の上に、逆さま状態でペルセウスが見えています。とかげ座は、カシオペア座の下にあるケフェウス座を目じるしにしてさがすのもよいでしょう。

● アンドロメダ銀河（M31）

11月の北の空

　北海道などの北の地域では、北斗七星は地平線に沈まずに周極星座として、地平線上ぎりぎりを通過している光景を目にすることができます。この光景は北に行けば行くほど楽に見えます。南の低空に見えるりゅうこつ座のカノープスは、南に行くほど楽に見えるようになりますが、同じように、北の地域でも北に位置する星や星座で、見ることのできる限界線を楽しむことができます。

　北極星は、こぐま座のしっぽの先にある星です。大びしゃくといわれる北斗七星と同じように、7つの星を結んでできるその姿から、小びしゃくとよばれています。

　こぐま座の外側をぐるりと包んでいる星座は、りゅう座です。その姿は、りゅうの頭のようにも見える星の並んだ場所から、大きく2回うねった星の並びです。

　北極星のすぐ下にある、少し暗めの星でできた三角形の星の並びが、きりん座の胴体です。やや右手を見ると三角形に並んだところが胴体です。その両脇から右の方向に前足と後ろ脚が出ています。首の長いきりんの姿です。

　淡い星だけにしてはこの近辺の空間をうまく埋めたなと感じます。北極星をさがすのに役立つカシオペヤ座は、この星座としては一番高い位置に差しかかっています。

　アルファベットのM字形の星の並びはカシオペヤ座です。p.30にあるような、北斗七星とカシオペヤ座を使った北極星のさがしかたは、必ずどこかで一度は習ったはずです。

　このカシオペヤ座の左下には伸びた状態の五角形があります。北極星の近くまで頂点が伸びています。ケフェウス座です。この五角形はぎょしゃ座と似ていますが、明るい星がないことや、細長い五角形であることで判別できます。

　ケフェウス座が確認できたら左上の星の先をのばしてみましょう。ジグザク状の暗めの星の並びのとかげ座があります。光害がないよい空であれば、この並びが見えるかもしれません。

　さて、方位磁石は便利な道具ですが、注意しなけれはいけないことがあります。それは方位磁石は真北を指さず、磁北を指してずれていることです。このずれを「磁気偏角」といい、東京周辺の偏角は約7度。方位磁石の針は真北から西に7度ほどずれています。

11月の北の空

※ ・ ・ ・
1　2　3　4等以下

うお座

ペガスス座

うお座

おひつじ座

M41

アンドロメダ座

さんかく座

とかげ座

ペルセウス座

アルゴル

カシオペヤ座

h・χ

※ デネブ

ケフェウス座

はくちょう座

きりん座

北極星

こぐま座

りゅう座

やまねこ座

27°

うしかい座

35°

おおぐま座

北西　　　　　　　　　北　　　　　　　　　北東 43°

131

12月の星空

12月は、ふたご座流星群の出現やクリスマスなど、星が話題になって夜空の星ぼしを眺める機会が多くなります。

明るい星が少ない秋の星座が西空へ傾き、南の空には、おひつじ座、くじら座、さんかく座が見えています。

おひつじ座は、2つの2等星と3等星の3つの星で形づくられるシンプルな星座です。おひつじ座のすぐ上にある小さな三角形がさんかく座です。

南の低い空には大きな星座のくじら座が見えています。くじらの尾にあたる2等星デネブカイトスを目じるしに、左へ星をたどり、くじらの姿をなぞります。

ペルセウス座は、アンドロメダ座の東側です。ペルセウス座にも有名な変光星アルゴルがあります。

宵の北の空の高い位置には、ペルセウス座、ぎょしゃ座、アンドロメダ座を見つけることができます。

東の空からは、おうし座やぎょしゃ座を引き連れて冬の大者のオリオン座、ふたご座が昇ってきます。オリオン座のベテルギウス、おおいぬ座のシリウス、こいぬ座のプロキオンで形づくる三角形は冬の大三角とよばれていますが、南東の空に簡単に見つけることができます。

北の空ではきりん座が、北極星の上に逆さまの姿で見えています。

[うお座] うお座をさがすときにはペガススの四辺形の南側の2つの星を目安にします。ペガススの四辺形を飲み込むような大きなV字型の星の並びです。2匹の魚がリボンでつながれている姿を想像してください。角をつないでいるリボンの部分は見つけやすいです。暗い星で形づくられた星座なので、月明りがない夜にさがすのがよいでしょう。

[おひつじ座] おうし座のプレヤデス星団とペガススの四辺形の中間あたりにある、2等星のハマルを見つけましょう。への字を裏返したような3つの星の並びが目じるしです。

[おうし座] 東の空には、ぼんやりと小さな星の集合体が見えます。プレヤデス星団（すばる）です。近くにはV字形のヒヤデス星団、オレンジ色に輝く1等星のアルデバランが見えています。

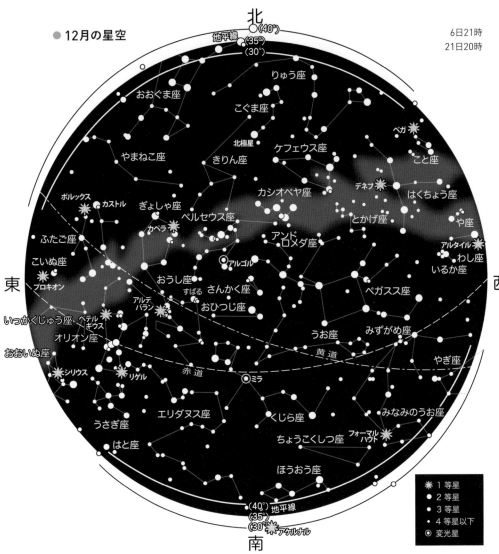

● 12月の星空

6日21時
21日20時

北
地平線 (40°)
(35°)
(30°)

りゅう座
おおぐま座
こぐま座
ペガ
やまねこ座
北極星
ケフェウス座
こと座
きりん座
デネブ
ポルックス　カストル
ぎょしゃ座
カシオペヤ座
はくちょう座
ペルセウス座
とかげ座
や座
カペラ
ふたご座
アンド
ロメダ座
アルタイル
こいぬ座
わし座
アルゴル
いるか座
おうし座
さんかく座
プロキオン
すばる　おひつじ座
ペガスス座
アルデ
バラン
うお座
みずがめ座
いっかくじゅう座　ベテル
ギウス
オリオン座
黄道
おおいぬ座
やぎ座
赤道
シリウス　リゲル
ミラ
みなみのうお座
うさぎ座
エリダヌス座
フォーマル
ハウト
くじら座
はと座
ちょうこくしつ座
ほうおう座
(40°) 地平線
(35°)
(30°) アケルナル
南

東　　　　　　　　　　　　　　　　　　　　　**西**

※ 1 等星
● 2 等星
・ 3 等星
・ 4 等星以下
◎ 変光星

　[ふたご座]　東の空に仲よくカストルとポルックスの2つの星が並んでいます。このふたご座のあたりから、毎年12月14〜15日にかけて流星が出現する「ふたご座流星群」があります。
　[くじら座]　くじら座は、ギリシャ神話では化けくじらといわれている星座です。くじらの頭はうお座のリボンが交わる場所とおうし座のお腹の部分に挟まれた窮屈な場所にあります。くじらの心臓部にあたるミラは明るさの変わる変光星です。

133

12月の東の空

東の空に見えるオリオンの三ツ星は縦に並んで見えています。オリオン座のベテルギウスはオレンジ色に、右手に見えるリゲルは白く輝いています。

ベテルギウスとともに冬の大三角を形づくる、こいぬ座のプロキオン、そしておおいぬ座のシリウスはひときわ明るく輝いています。

オリオン座の左にはふたご座が見えています。ふたご座の1等星のポルックスと、少し暗めで2等星のカストルの2つの星が行儀よく並んで輝いています。ポルックス、カストルそれぞれ

の星を基点に、平行に星が連なって、ふたご座を形どっています。

ふたご座から上の方に目を向けると、ぎょしゃ座のカペラが輝いています。このカペラをふくむ将棋の駒の形をした大きな五角形がぎょしゃ座です。

オリオン座の上にオレンジ色のアルデバランが、アルファベットのV字型の星の並びの先端にあります。ここがおうし座の大きな頭にあたります。

さらにその上に、すばるが見えています。視力のよい人であれば、6〜7個ほどの小さな星のかたまりが肉眼でも見えるでしょう。このあたりはおうし座の肩の部分に相当します。その左側には夏の時期にたくさん流れ星を降らすペルセウス座があります。ペルセウス座にはアルゴルという短時間で星の明るさが明るくなったり暗くなったりする変光星があります。また、体の部分に星がたくさん集まったような、h-χの二重星団が肉眼でも見えます。

● 冬の大六角形

おおいぬ座のシリウス、こいぬ座のプロキオン、ふたご座のポルックス、ぎょしゃ座のカペラ、おうし座のアルデバラン、オリオン座のリゲルの6つの星を結びます。冬のダイヤモンドともよばれています。

12月の東の空

☀ ・ ・ ・
1 2 3 4等以下

ペガスス座

アンドロメダ座
M31

カシオペヤ座

さんかく座

うお座

ペルセウス座
アルゴル

おひつじ座

すばる（プレヤデス星団）

くじら座

きりん座

カペラ ☀
ぎょしゃ座

おうし座

アルデバラン ☀

オリオン座

エリダヌス座

やまねこ座

ベテルギウス

M42

リゲル ☀

ふたご座

カストル

ポルックス ☀

いっかくじゅう座

うさぎ座

M44

こいぬ座
プロキオン ☀

シリウス ☀

かに座

おおいぬ座

M41

北東

東

南東 **35°**

135

12月の南の空

プレヤデス星団や1等星アルデバランが目印のおうし座を、まずさがしましょう。高い位置で見えています。おうし座は上半身のみの星座ですが、お腹のあたりに、6個ほどの暗い星の集まりがあります。ここがくじら座の頭に相当します。さらに右下に向かって5〜6個ほどの星がうねうねと並んでいます。この星の並びがくじらの大きな姿です。

このくじらには前足（ヒレ）が出ています。くじらの心臓のあたりには、長周期の変光星ミラがあり、2〜10等星の明るさで変化をしています。ミラが暗いときには、星座の形を結ぶのがとてもむずかしくなります。

エリダヌス座はオリオン座の足元のリゲルから続く、うねうねとした星の並びです。まずはくじら座の前足の部分まで行き、右下がりのカーブに星をたどり、あとはうさぎ座の足元までいき、右下に折れ曲がります。

南東の空の低空には、みなみのうお座のフォーマルハウトが輝いています。

うお座は大きなくの字に曲がった星の配列が目じるしです。リボンの先には2匹の魚がからみついています。

その上の魚の左手には同じく黄道12星座のおひつじ座が見えています。おひつじ座の上には、つぶれた小さな三角形が目じるしのさんかく座があります。少々暗い星の並びの星座ですが。その右手に見えるアンドロメダ座は、ペガススの四辺形と一体になっています。

● おひつじ座と
さんかく座

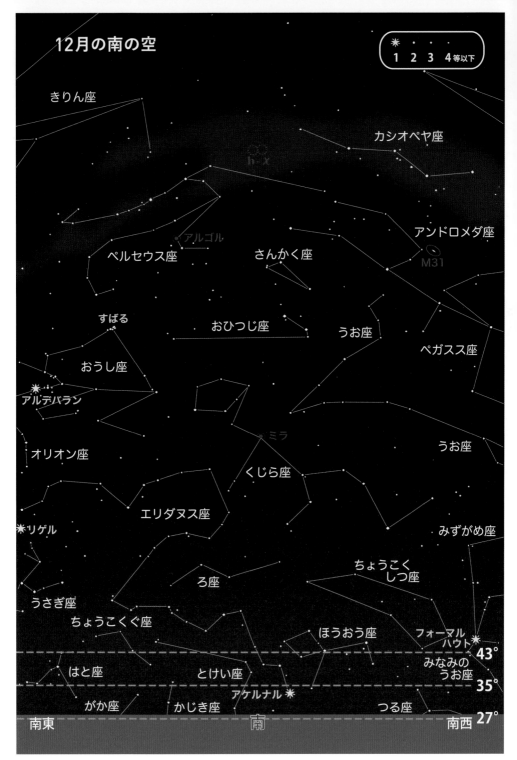

12月の南の空

☀ · · ·
1 2 3 4等以下

きりん座

カシオペヤ座

h・χ

アンドロメダ座

アルゴル

ペルセウス座

さんかく座

M31

すばる

おひつじ座

うお座

ペガスス座

おうし座

アルデバラン

ミラ

うお座

オリオン座

くじら座

エリダヌス座

みずがめ座

リゲル

ろ座

ちょうこく
しつ座

うさぎ座

ちょうこくぐ座

ほうおう座

フォーマル
ハウト

43°

はと座

とけい座

みなみの
うお座

35°

がか座

かじき座

アケルナル

つる座

南東

南

南西 27°

12月の西の空

　西の空には秋の代表的な星座のペガスス座が見えています。大きな頭は天馬の胴体の下側からのび、逆立ちしている格好で見えています。右側には足が見えています。四辺形の一つの星を混ぜて、右上に連なる星がアンドロメダ座になります。アンドロメダ座には、有名なアンドロメダ銀河（M31）があります。暗い場所では肉眼で見えますが、双眼鏡ならば確実に見えます。

　ペガススの四辺形の左側に沿ってうお座が見えています。ペガススの背中側にうお座の一匹が、そしてアンドロメダ座の方向に、もう一匹の魚がいます。

　その魚のあたりに小さな星座、さんかく座があります。ペルセウス座は右側に高くそびえ立ち、アルゴルが怪しく光っています。

　ペルセウス座は中央部に星のかたまりがあり、集合体である星団かと思わせるところがあります。

　西空の低い位置に輝いていている1等星は、はくちょう座のデネブです。明るさは天頂に光っていたときにくらべて弱めです。この時季を過ぎると、夏の星座の観察はしばらくおあずけです。

カシオペヤ座とペルセウス座との間には、天の川のちぎれ雲ではないかと思わせるぼんやりとした星が見えます。これは二重星団のh-χです。

　天頂付近に見える星は、おうし座の右目にあたるアルデバランです。この牡牛は逆さま状態です。牡牛の肩の部分にあたるプレヤデス星団（すばる）は、肉眼でも6個ほど見られますので、古代から6連星（むつら星）とよばれ親しまれてきました。

● 秋の星座と天の川

12月の西の空

ふたご座

★ ・ ・ ・
1 2 3 4等以下

オリオン座

アルデバラン

ぎょしゃ座

カペラ

おうし座

すばる
（プレヤデス星団）

ペルセウス座

アルゴル

おひつじ座

h χ

さんかく座

カシオペヤ座

くじら座

うお座

M31

アンドロメダ座

ケフェウス座

ペガスス座

うお座

とかげ座

みずがめ座

はくちょう座　デネブ

こうま座

こぎつね座

フォーマ
ルハウト

みなみのうお座

いるか座

や座

こと座

ベガ

南西

西

北西 35°

12月の北の空

　頭上付近にカシオペヤ座があります。Wの字をひっくり返した姿といわれますが、この時季はMといった方がよいかもしれません。北極星をさがす場合、カシオペヤ座の両側の星の並びのせまい側に線を延長し交わった点と中央の星の間隔を、下の方向に5倍伸ばします。そこに光っている2等星が北極星です。

おおぐま座の北斗七星を「大びしゃく」といい、こちらは「小びしゃく」とよんでいます。

　写真には、こぐま座の小びしゃくから、きりん座が写っています。暗い星の並びですから、写真を参考にさがし出してください。一直線状に伸びるきりんの首に沿って上の方にある、三角形の星の並びの部分が胴体です。きりんが逆立ち状態ですので、前足と後ろ足が上の方向に伸びています。全体的に暗い星で作られた星座です。

　小びしゃくの左下を取り巻くようにうねっているのはりゅう座です。ケフェウス座は、少々ゆがんだ五角形に星が並んでいます。その左上の角近くからとかげ座をさがし出すのもよいでしょう。

　きりん座の右側にはやまねこ座があります。ただ、この星座に名前を付けたいきさつが「ヤマネコのような視力を持つものが見えるでしょう」ということでしたので、見つけ出すのは容易ではありません。星図と見くらべながらさがしましょう。

　北東の空には、おおぐま座の頭の部分が見えていますが、北斗七星のひしゃくの部分が見えたばかりで、全体像は見えません。

● きりん座とこぐま座

おわりに

　この本を読んで、少しは星座のことがおわかりいただけたでしょうか。

　無理をして星座を一夜にたくさん覚えようとする必要はありません。星座観察をするのは夜ですから暗いし、春夏はまだしも冬になればとても寒くなります。また、眠気にも苦労するでしょう。

　私がおすすめするのは、漠然といくつも星座を覚えようとするより、一夜で一つの星座を鑑賞し、ノートに記録することです。それを繰り返せば、やがて見ることのできるすべての星座が確実にわかるようになるはずです。すると、日本では半分ほどしか見えないケンタウルス座やほ座、そしてきょしちょう座など、ふだん聞きなれない星座はどこで観察できるのだろうか、南十字星も見てみたい、などと疑問や欲が出てくると思います。将来的には、観光もかねて南半球に星座観察に出かけることをおすすめします。きっと感動するはずです。

　「はじめに」でも書きましたが、プラネタリウムも星座を覚えるのに役立ちます。昼間でも曇っていても星空が学べる、とてもいい手段です。そして実際の星空を

見るときにも役に立ちます。

　そして何といっても楽しいのは、家族や仲間と星空の下に出かけ、ワイワイいいながらみんなで一緒に星座観察をすることです。そんな最中に、流れ星が飛んだり、人工衛星を目撃するなど、想定していなかった出来事にも出会えば、さらにかけがえのない思い出になるでしょう。

　ときには積極的に、お近くの天文台や科学館で開催する観察会などに参加することもおすすめです。私のいる福島県田村市の星の村天文台にも、ぜひ遊びに来てください。

　暗い！寒い！眠い！と三種の神器（？）のようなものは付き物ですが、天体観測はすばらしいものです。その基本となるのが星座観察です。一つまた一つと、星座を着実に覚えながら、星空をたっぷり楽しんでください。

2020年1月

星の村天文台長　大野裕明

大野裕明 おおの ひろあき

福島県田村市星の村天文台・台長。18歳から天体写真家・藤井旭氏に師事。以降、数多くの天文現象を観測。また、多数の講演なども行なっている。また、皆既日食やオーロラ観測ツアーでコーディネイトをするなど地球表面上を訪問している。おもな著書に『星雲・星団観察ガイドブック』『プロセスでわかる天体望遠鏡の使いかた』『星を楽しむ 天体望遠鏡の使いかた』『星を楽しむ 星空写真の写しかた』『星を楽しむ 天体観測のきほん』(いずれも誠文堂新光社刊) などがある。

榎本 司 えのもと つかさ

天体写真家。星空風景から天体望遠鏡でのクローズアップ撮影、タイムラプス動画まで、さまざまな天体写真撮影に取り組み、美しい星空を求めて海外遠征も精力的に行なう。天文誌への写真提供や執筆活動で活躍中。おもな著書に『デジタルカメラによる月の撮影テクニック』『PHOTOBOOK 月』『星を楽しむ 天体望遠鏡の使いかた』『星を楽しむ 星空写真の写しかた』『星を楽しむ 天体観測のきほん』(いずれも誠文堂新光社刊) がある。

撮影協力
株式会社ピクセン
西條善弘、渡辺和郎

モデル
高砂ひなた
(サンミュージックプロダクション)

撮影
青柳敏史

アートディレクション
草薙伸行
(Planet Plan Design Works)

デザイン
蛭田典子、村田亘
(Planet Plan Design Works)

夜空にかがやく星の中から見たい星座をさがす

星を楽しむ 星座の見つけかた

2020年1月20日　発　行　　　　　　　　　　　　　　NDC440

著　者　大野裕明、榎本 司
発行者　小川雄一
発行所　株式会社 誠文堂新光社
　　　　〒113-0033　東京都文京区本郷3-3-11
　　　　(編集) 電話　03-5805-7761
　　　　(販売) 電話　03-5800-5780
　　　　https://www.seibundo-shinkosha.net/
印刷所　株式会社 大熊整美堂
製本所　和光堂 株式会社